中国南方电网
CHINA SOUTHERN POWER GRID

南方电网能源发展研究院

南方电网建设工程ESG 发展报告

南方电网能源发展研究院有限责任公司　编著

中国电力出版社
CHINA ELECTRIC POWER PRESS

图书在版编目（CIP）数据

南方电网建设工程 ESG 发展报告 / 南方电网能源发展研究院有限责任公司编著. -- 北京：中国电力出版社，2025. 3. -- ISBN 978-7-5198-9735-2

Ⅰ. TM7

中国国家版本馆 CIP 数据核字第 2025PS4298 号

出版发行：中国电力出版社

地　　址：北京市东城区北京站西街 19 号（邮政编码 100005）

网　　址：http://www.cepp.sgcc.com.cn

责任编辑：岳　璐（010-63412339）

责任校对：黄　蓓　朱丽芳

装帧设计：张俊霞

责任印制：石　雷

印　　刷：北京博海升彩色印刷有限公司

版　　次：2025 年 3 月第一版

印　　次：2025 年 3 月北京第一次印刷

开　　本：787 毫米×1092 毫米　16 开本

印　　张：9.75

字　　数：139 千字

印　　数：001—800 册

定　　价：56.00 元

在全球可持续发展理念日益深入人心的背景下，企业不仅面临经营发展的挑战，也承担着保护生态环境、履行社会责任的重要使命。随着全球对环境、社会和治理（ESG）理念的深入认识和广泛应用，ESG 作为可持续发展的抓手，已成为衡量企业综合竞争力的重要指标。南方电网公司作为改革试验田，积极响应国家战略，将 ESG 理念融入建设工程全生命周期管理，作为基建领域贯彻落实党的二十大精神、践行新发展理念、推动高质量发展的重要抓手。三年来，南方电网公司积极开展建设工程领域的 ESG 研究与实践，守正创新，构建了一套用于电网工程的 ESG 评价指标体系，并在南方五省区选取重点工程进行试点评价和深化推广，推动建设工程在环境、社会和治理方面的全面提升，落实"责任投资原则"。

为了将电网工程 ESG 评价体系打造成电网企业践行高质量发展的抓手，南方电网能源发展研究院在广泛调研的基础上，选取践行 ESG 实质性议题较好的工程作为示范案例，系统分析其在环境、社会和治理维度提升绩效的具体举措，总结其契合工程高质量发展的经验，编制了《南方电网建设工程 ESG 发展报告》。本报告以南方电网公司近年来有关信息平台数据、研究报告、工作总结和统计年报等资料为依据，结合建设工程高质量发展的核心关键指标，汇编了基建领域 ESG 实践的最新成果和典型案例，展现了公司在清洁能源利用、绿色低碳发展、履行社会责任、保障产业工人权益、完善项目治理体系、提升治理能力等方面的积极探索和显著成效。

本报告共分为八个章节，具体内容如下：

第 1 章 ESG 理念概述，对 ESG 理念的发展历程和相关政策法规作简要概述；第 2 章基建工程评价体系，梳理了国内外基建工程领域与 ESG 理念密切相关的评价体系；第 3 章电网工程 ESG 评价体系，系统阐述了南方电网公司电网工程 ESG 评价指标体系及相关研究成果；第 4 章生态环境保护、第 5 章履行社会责任和第 6 章建设工程治理，分别介绍了南方电网公司建设工程在环境、社会、治理三个维度的理念、措施及成效；第 7 章建设工程案例介绍，选取三个典型工程项目案例介绍了其在 ESG 实践中的尝试及相应成效；第 8 章电网工程 ESG 评价展望，分别从适应范围、对接企业、完善机制、实践落实、持续提升等方面进行了探讨，为下一步全面、广泛、深入推广建设工程 ESG 评价明确了方向。

本报告汇集了南方电网公司建设典型案例及其对 ESG 关键议题实践诠释，为公司乃至电力全行业提供可借鉴的经验与启示。我们希望通过这份报告，向社会各界传递南方电网公司对可持续发展的坚定承诺和不懈努力的信念，同时也期待与更多伙伴携手共进，共同推动全球绿色低碳转型和可持续发展进程。

展望未来，南方电网公司将继续秉承"人民电业为人民"的企业宗旨，以更高的标准、更严的要求，深化建设工程 ESG 实践，为中国乃至全球的可持续发展贡献更大力量。我们相信，通过在 ESG 领域不懈努力和持续创新，南方电网公司必将在高质量发展之路上取得更加辉煌的成就。

本报告在编写过程中，得到了南方电网公司、中国水利电力质量管理协会电力行业 ESG 专业委员会、广州大学、南方周末 CSR 研究中心、中大咨询等相关专家的指导，并获得南方电网公司相关分子公司案例素材方面的支持和帮助，在此表示衷心感谢！由于编者水平有限，报告中难免存在疏漏与不足，恳请各位读者谅解并提出宝贵意见。

编　者

2024 年 10 月

目 录
CONTENTS

第 1 章

ESG 理念概述

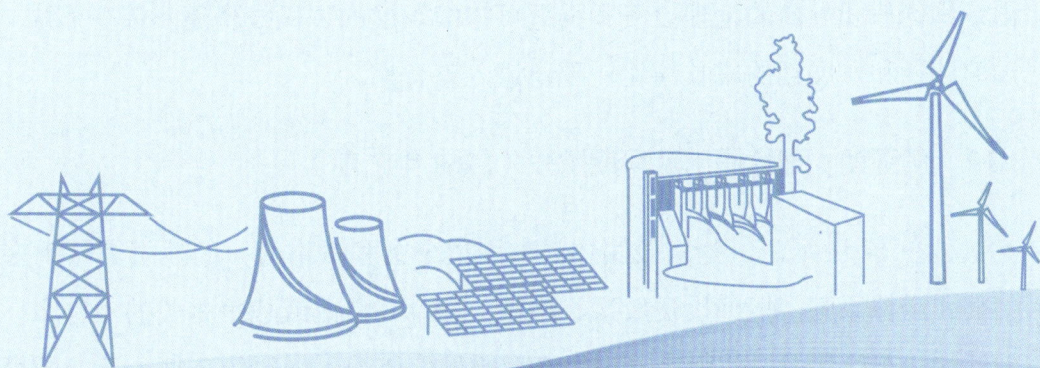

1.1 ESG 理念及发展历程

ESG 是 Environmental（环境）、Social（社会）和 Governance（公司治理）的缩写，它是一种评估企业非财务表现的评价标准，强调企业在追求经济效益的同时，也应注重环境保护、社会责任以及良好的公司治理。ESG 对于政府、企业、投资者等不同主体均具有积极意义：对政府而言，激励企业提高 ESG 表现可以促进经济可持续、包容性增长；对企业而言，开展 ESG 评价有助于改进自身运营质量，提高资源利用效率，降低环境污染，履行社会责任，并完善内部治理机制；对投资者而言，分析 ESG 绩效可以帮助评估企业的长期风险和机会，识别出具有可持续发展能力的企业。ESG 理念最早兴起于投资领域，由最早价值观导向的伦理投资和强调可持续发展的责任投资逐步演变而成，经过萌芽期和发展期的成长演化，现已进入整合期。

1.1.1 萌芽期：理念提出及早期阶段（1960 年之前）

早在 17 世纪，一些宗教团体（如卫理公会和贵格会）的投资者基于宗教信仰和道德原则，拒绝投资奴隶、酒精、烟草、赌博或战争相关的"有罪"商业活动。这种基于价值观排除与个人、团体价值观不一致的公司或行业的投资形式即为早期的伦理投资理念，也是社会责任投资（Socially Responsible Investment，SRI）的雏形。1928 年，宗教团体基于宗教传统筛选推出了首批道德共同基金——先锋基金，拉开了责任投资的帷幕。

1.1.2 发展期：社会责任投资阶段（1960—2000 年）

（1）早期社会责任投资阶段（1960—1990 年）。20 世纪 60 年代至 70 年代，随着环境保护意识的觉醒、人权平等和反战等社会意识形态的兴起，部分投资者希望将他们有关社会责任的价值取向反映在投资活动中。这使得 SRI 的基础和出发点从宗教教义逐渐转变为对当下社会意识形态的反映，从而形成了真正意义上的"社会责任"投资，这一阶段，投资者开始在投资活动中强调劳工权益、种族及性别平等、商业道德、环境保护等议题。1971 年，美国推出了第一个具有社会责任感的共同基金——和平世界基金，旨在回避那些支持越南战争或从中获利的公司和组织。和平世界基金的成立体现了社会责任在投资中的具体应用。

1972 年，在斯德哥尔摩举行的联合国人类环境会议是 ESG 发展的一个重要节点。这次会议首次在全球范围内聚集了各国国家代表，共同讨论环境问题及其解决方案，标志着国际社会开始正式和系统地关注环境问题，为后来全球环境保护共同方案的出台奠定了基础。

1987 年，联合国出版的《我们共同的未来》首次提出了"可持续发展"概念，系统探讨了人类面临的一系列重大经济、社会和环境问题，进一步强调了可持续发展的重要性并阐述了如何实现这一个概念，这与 ESG 的核心理念高度契合。

（2）现代社会责任投资阶段（1990—2000 年）。1992 年，联合国环境规划署在里约热内卢地球峰会上成立了一个金融倡议，称为联合国环境规划署金融倡议（UNEP FI），希望金融机构能把环境、社会和治理因素纳入决策过程，发挥金融投资的力量促进可持续发展。至此，社会责任投资由道德层面转向投资策略层面，进入了结合价值驱动、风险和收益为导向的现代社会责任投资阶段。

1.1.3 整合期：ESG 投资阶段（2000 年以后）

2004 年，联合国全球契约组织（UNGC）在报告《Who Cares Wins》中首次刊出 ESG 这一名词，倡导企业、金融机构等在计划制定、决策和运营过程中，除了关注营业收入、利润率等财务指标，还要充分考虑环境、社会、公司治理等非财务因素。至此，ESG 正式走进公众视野。

2006 年，联合国前秘书长科菲·安南牵头发起联合国责任投资原则组织（UN PRI），提出"责任投资原则（PRI）"将社会责任、公司治理与环境保护相结合，旨在帮助投资者理解环境、社会和公司治理等要素对投资价值的影响，并支持各签署机构将这些要素融入投资决策中。

2007 年，高盛在其《2007 年度环境报告》中将环境、社会责任和公司治理因素整合在一起，并将其影响因素纳入投资决策之中，即 ESG 投资。

2015 年 9 月 25 日，联合国 193 个会员国就《2030 年可持续发展议程》达成共识，确定了包括"无贫穷""性别平等""可持续城市和社区"等 17 个可持续发展目标（SDGs），进一步明确了全球可持续发展的主要方向。由于可持续发展目标和 ESG 理念的兼容性和愿景一致性，ESG 作为可有效推进可持续发展目标进程的方法和路径进一步受到社会关注。《2030 年可持续发展议程》提出的 17 项 SGDs 如图 1-1 所示。

图 1-1　《2030 年可持续发展议程》提出的 17 项 SGDs

1.2　ESG 相关政策标准

ESG 的发展是多重因素共同驱动的结果：①组织机构推动，社会发展、经济高速增长给社会带来的负面影响愈加凸显，从国际组织或监管机构的视角来看，ESG 是实现可持续发展目标的重要途径；②资本市场需求驱动，企业经营面临诸多不确定性因素，从投资者角度出发，ESG 投资具有较强的抗风险能力，能给投资者带来长期的、可观的收益回报；③企业价值驱动，监管和投资的要求倒逼企业落实 ESG，从企业自身出发，践行 ESG 有利于企业把握可持续发展机会，增强风险抵御能力，提升财务绩效表现。

在响应联合国可持续发展目标、推动全球可持续发展的大趋势下，国际组织、各国政府监管部门和投资机构相继出台相关的政策、制度、评价标准，并在实践中将 ESG 理念不断深化，有效推动了 ESG 的快速发展。

1.2.1　国际 ESG 相关政策标准

（1）国际组织的相关标准。在 ESG 发展和推广过程中，国际组织相继发布了各类 ESG 披露准则，帮助企业认识和披露其商业活动对全球经济可持续发展的影响。

1）GRI 标准。1997 年，非政府组织"对环境负责的经济体联盟"（CERES）和联合国环境规划署（UNEP）共同发起成立了全球报告倡议组织（GRI），并在 2002 年成为了独立的国际组织。2000 年，GRI 发布了全球第一个《可持续发展报告指南》，为企业提供了第一个全球性的可持续发展报告框架，其后在 2000—2013 年陆续发布了四代《可持续发展报告指南》，以适应全球对企业透明度和可持续性报告的需求。2016 年，GRI 正式将指南升级为标准，并推出了模块化的标准体系，涉及环境（E）、社会（S）和经济三个方面的议题，增强了报告的灵活性和针对性。2021 年，GRI 发布最新修订版标准并于 2023 年 1 月生效，新标准包含 GRI 通用标准（适用于所有组织）、GRI 行业标准（适用于特定行业）和 GRI 议题标准（关于具体议题的披露项）。经过不断更新和补充，现行标准适用于各行业的企业，并便于其利用这些标准确定实质性议题，有助于实现可持续发展，是当前使用最为广泛的 ESG 披露标准。

2）TCFD 标准。2017 年 6 月，气候相关财务信息披露工作组（TCFD）发布了《气候相关财务信息披露工作组建议报告》，旨在通过形成低碳和具有较强气候适应性的经济体系来确保更加稳定、更有弹性的中长期市场。TCFD 框架将气候相关风险划分为与低碳经济转型相关的风险（转型风险）和与气候变化的实体影响相关的风险（实体风险）两大类。2021 年 6 月，TCFD 发布《关于气候相关指标、目标和过渡计划的协议指南》，对 7 类跨行业气候指标进行了广泛定义并列举了披露的相关示例，进一步提高了气候披露可比性。

3）SASB 标准。 2011 年，可持续发展会计准则委员会（SASB）在美国成立，其致力于构建一套全球企业适应的、可利用会计计量方式来量化企业可持续发展相关议题的指标。2018 年，SASB 发布了第一套企业可持续发展会计准则，该框架将企业分为 11 个部门，涵盖 77 个细分行业，并针对每个细分行业制定了一套相应的披露标准，帮助企业识别和披露可能影响其现金流、融资渠道或资本成本的可持续相关风险和机遇，助力企业长期价值创造，带来更好的可持续发展成果。

4）ISSB 标准。 2021 年 11 月，国际财务报告准则基金会发起成立了国际可持续发展准则理事会（ISSB）。2023 年 6 月，ISSB 融合了 TCFD（气候相关财务信息披露工作组）、CDSB（气候信息披露准则委员会）、SASB（可持续发展会计准则委员会）、IIRC（国际综合报告委员会）等几大标准，发布了《国际财务报告可持续披露准则第 1 号——可持续相关财务信息披露一般要求》（IFRS S1）和《国际财务报告可持续披露准则第 2 号——气候相关披露》（IFRS S2）两份准则。IFRS S1 旨在引导主体披露有关其可持续发展相关风险和机遇的信息，IFRS S2 的目标则是要求主体披露关于气候相关风险和机遇的信息。这两份准则的发布将加速全球可持续发展信息披露的统一进程，助力提升投资者对公司可持续信息披露的信心。

（2）国外政府监管政策法规。 国外一些发达经济体的政策引导起步较早，已形成较为完善的 ESG 信息披露制度，对企业 ESG 的信息披露和治理实践提出要求。

1）欧盟政策标准。 欧洲是 ESG 投资理念的发源地，也是出台 ESG 投资监管政策的先行者。2014 年 10 月，欧盟发布了《非财务报告指令》（NFRD），首次将 ESG 纳入政策法规，强制规定规模超过 500 名员工的企业管理报告中必须包含非财务内容，且至少涉及环境、社会和员工问题、尊重人权、反贪污和贿赂问题，以增强企业的社会责任感和透明度。2022 年，欧盟发布了《企业可持续发展报告指令》（CSRD），扩大 ESG 披露规定的适用对象，且配套强制性的披露标准《欧洲可持续发展报告准则》（ESRS），至此 CSRD 取代 NFRD 成为欧盟 ESG 信息披露的核心法规，标志着欧盟经济向可持续发展转型又进一步。

与此同时，欧盟致力于与 GRI、ISSB 等国际可持续报告标准互通。GRI 标准是欧盟企业最常用的可持续发展报告标准，因此欧盟在制定 ESRS 时尽可能最大限度地体现 GRI 标准的规范，而企业也无需单独发布 ESRS 报告，只需在原有 GRI 报告基础上整合新的要求即可。另外，采用 ESRS 进行披露也被视为符合 ISSB 标准，避免了给企业造成不必要的报告负担。

2）美国政策标准。美国是全球最早制定专门针对上市公司环境信息披露的国家，其 ESG 信息披露关于环境的信息披露水平最为成熟。2010 年，美国证券交易委员会（SEC）发布《委员会关于气候变化相关信息披露的指导意见》，要求从财务角度对环境责任进行量化披露。2019 年，纳斯达克证券交易所发布《ESG 报告指南 2.0》，提供 ESG 报告编制的详细指引，就环境、社会和公司治理事项提出了披露要求。2021 年，SEC 宣布将审查上市公司气候变化风险披露情况，以此确保上市企业和投资者更加重视实质性的气候信息披露。

1.2.2 国内 ESG 相关政策标准

ESG 理念并非舶来品，我国很早就有与之对应的理念——"育青山绿水、创和谐社会、铸百年老店"。"青山绿水"最早出自唐代李嘉祐的"独坐南楼佳兴新，青山绿水共为邻"，青山绿水的理念在中国传统文化中占据着重要的位置，代表着人们对自然和谐、生态平衡的向往和追求。"和谐"一词最早出自《诗经》，寓意配合适当、和睦协调。2004 年，中国共产党提出"和谐社会"的战略目标，主要内容为"民主法治、公平正义、诚信友爱、充满活力、安定有序、人与自然和谐相处"。"百年老店"强调企业成立时间悠久，经营得当，和可持续发展理念不谋而合。

（1）国内顶层政策导向。ESG 理念契合我国绿色发展、碳达峰碳中和、现代化治理、共建人类命运共同体等一系列发展要求，我国政府在顶层政策制定层面，陆续体现了 ESG 相关的可持续发展理念、相关信息披露、环境社会企业治理评价等导向。

2021 年 3 月，十三届全国人大四次会议表决通过了《中华人民共和国国民经济和社会发展第十四个五年规划和 2035 年远景目标纲要》的决议，决议从两个方面体现了对可持续发展的重视：一方面，在"十四五"时期经济社会发展主要目标中提出，实现生态文明建设新进步；另一方面，用专门的篇章强调实施可持续发展战略，完善生态文明领域统筹协调机制，构建生态文明体系，推动经济社会发展全面绿色转型，建设美丽中国，为中远期发展描绘了发展愿景。

2021 年 10 月，中共中央国务院发布了《关于完整准确全面贯彻新发展理念做好碳达峰碳中和工作的意见》，意见提出要坚定不移走生态优先、绿色低碳的高质量发展道路，加快推动产业结构、能源结构、交通运输结构、用地结构调整，构建绿色低碳循环发展的经济体系。

2024 年 1 月，中共中央国务院发布了《关于全面推进美丽中国建设的指导意见》，可持续发展理念贯穿始终，意见不但提出"要牢固树立和践行绿水青山就是金山银山的理念"，还明确提出构建监管、披露、评价、问责等保障机制：①完善环评源头预防管理体系，全面实行排污许可制，加快构建环保信用监管体系；②深化环境信息依法披露制度改革；③探索开展环境、社会和公司治理评价；④对不顾生态环境盲目决策、造成严重后果的，依规依纪依法严格问责、终身追责。监管、披露、评价及问责等保障机制的提出，有力推动了 ESG 成为评价企业贯彻新发展理念、提升核心竞争力、增强核心功能等整体成效的工具。

（2）国内组织的相关政策与标准。随着国家政策对可持续发展理念不断宣导，ESG 在我国各个层面快速发展，相关信息披露标准也在不断推出。一方面，国务院国资委、财政部、社科院等政府机构正在逐步完善 ESG 相关的监管框架，推动公司规范治理，提升信息披露质量，并指导公司融入 ESG 因素；另一方面，行业协会、企业联合会等组织也在不断推出相关评估标准，引导企业规范治理、加大信息披露的规范性，促进企业可持续发展水平。

1）国资委：《中央企业上市公司 ESG 蓝皮书（2021）》。 2021 年 4 月，国资委明确表示将 ESG 建设纳入中央企业集团公司社会责任报告或可持续发展报告，并提出中央企业、地方国有企业应在 ESG 体系建设中发挥表率作用，统筹推动国有企业社会责任和 ESG 工作。2021 年 9 月，国资委发布首本《中央企业上市公司 ESG 蓝皮书（2021）》，为国务院国资委统筹推动央企上市公司 ESG 工作提供了重要参考，助力企业提升 ESG 管理水平，实现可持续发展。同时体现了央企在 ESG 方面的实践与成就，也为未来央企及更多企业的 ESG 工作提供了重要指导。

2024 年 6 月，国资委发布了《关于新时代中央企业高标准履行社会责任的指导意见》，明确企业在运营全过程对利益相关方、社会和环境负责，促进可持续发展，已成为国际社会的普遍共识，进一步推动中央企业高标准履行社会责任。

2）财政部：《企业可持续披露准则—基本准则（征求意见稿）》。 2024 年 5 月，财政部发布了《企业可持续披露准则—基本准则（征求意见稿）》，该意见稿扩大了披露主体范围，初步构建了国家统一的可持续披露准则体系框架，强调了"双重重要性"原则，并且在接轨国际标准的同时，立足中国国情，彰显了中国特色。与此同时，财政部预计在 2027 年出台中国企业可持续披露基本准则和气候相关披露准则；在 2030 年，国家统一的可持续披露准则体系基本建成。此举预期将统一中国企业的可持续信息披露标准，提升信息质量，促进企业践行可持续发展理念，加强与国际规则的接轨，提高国际竞争力，推动 ISSB 框架在内地市场的融合与落地。

3）社科院：《中国企业社会责任报告编写指南》。 2009 年，中国社会科学院经济学部企业社会责任研究中心首次发布《中国企业社会责任报告编写指南》（CASS-CSR1.0），为中国企业正式发布社会责任报告提供了参照标准，并在 2011、2014、2017 年陆续更新了三个版本，以适应不断变化的市场需求。

2022 年 7 月，《中国企业社会责任报告指南（CASS-ESG5.0）》在"ESG中国论坛 2022 夏季峰会"上发布，此版本标准更加贴近于中国实际的 ESG 信披框架，成为既接轨国际又适应本土的指标体系并升级 ESG 报告流程管理模型，为中国企业编写 CSR 报告提供了专业参考。另外，该指南与国际 GRI 标准编制关联文件相互认可，加强了中国企业信息披露与国际规则的接轨，促进国内上市公司编制更高质量的 ESG 报告。

2024 年 6 月，《中国企业可持续发展报告指南（CASS-ESG6.0）》发布，严格参照沪深北三大交易所《上市公司可持续发展报告指引》原文及其结构顺序，设置四级指标体系，打造出一本既具有国际视野又符合本土国情的专业工具，协助监管机构完善相关配套基础设施，辅导中国企业编制符合监管要求的高质量可持续发展报告。与此同时，企业参照其指标编写报告，参考其方法计算环境绩效指标，按照其流程编制的可持续发展报告，可申请参加"中国企业可持续发展报告评级"，为企业开展 ESG 评价奠定了基础。

4）中国企业改革与发展研究会：《企业 ESG 披露指南》。 2022 年 6 月，中国企业改革与发展研究会发布了我国第一部企业 ESG 信息披露标准《企业 ESG 披露指南》。该标准明确了企业 ESG 披露原则与四级指标体系，规范披露要求与应用，适用于不同类型、不同行业、不同规模企业，可指导企业进行 ESG 治理实践和信息披露，也可作为企业自我评价和第三方评价的参考依据。这一标准的制定填补了我国在企业 ESG 披露标准方面的空白，对提升我国企业 ESG 信息披露的规范性和透明度具有重要意义。

5）行业团体：《能源企业 ESG 披露指南》。 2023 年 12 月，国家电力投资集团有限公司、首都经贸大学中国 ESG 研究院等单位联合起草的《能源企业 ESG 披露指南》正式发布。这一指南成为国内首个针对能源企业的 ESG 团体标准，对煤炭、石油、天然气、电力、新能源和可再生能源等能源企业 ESG 信息披露的披露原则和披露要求等方面进行了规定。与《企业 ESG 披露指南》（T/CERDS 2—2022）相比，《能源企业 ESG 披露指南》整体披露指标更加细化，并根据能源行业特点对 ESG 披露指标进行了调整，填补了能源领域在 ESG 标准制定上的空白。

（3）国内监管政策法规。监管政策是推动 ESG 发展的关键力量之一。随着全球各国政府和监管机构纷纷出台相关 ESG 法规，我国监管机构也陆续出台了相关的监管政策法规，这对企业在环境、社会和治理方面的合规性和透明度提出了更高要求，有利于推动企业高质量发展。

1）中国银保监会政策法规。2022 年 6 月，银保监会发布《银行业保险业绿色金融指引》，引导银行业保险业发展绿色金融，并将 ESG 纳入风险管理体系，积极服务兼具环境和社会效益的各类经济活动，助力污染防治攻坚，有序推进碳达峰碳中和工作，该指引将推动以融资方式建设的重大工程项目切实关注环境和社会效益。此项政策法规的出台，标志着中国监管机构在推动绿色金融和 ESG 发展方面迈出了重要步伐。

2）中国证监会监管政策法规。2008 年，在全球金融危机爆发的背景下，中国证监会发布了《关于加强上市公司社会责任的指导意见》，倡导企业积极承担社会责任，要求上市公司在追求经济效益的同时，关注利益相关者的共同利益，并鼓励上市公司自愿编制和发布社会责任报告。2013 年，中国证监会再次发布《关于上市公司履行社会责任的指导意见》，对 2008 年的政策进行了进一步强化和明确，要求上市公司在报告中披露环境、社会和公司治理方面的信息，从而推动上市公司更加重视和履行社会责任，不仅促使更多企业开始重视环境问题，也使得投资者能够更好地理解和评估企业的环保行为，成为中国 ESG 发展的一个重大突破。

随着全球对 ESG 投资的重视，中国证监会也陆续发布了多个监管政策法规，2016 年，发布了《上市公司环境信息披露管理办法》，要求上市公司披露环境影响，进一步推动上市公司重视环境问题。2018 年，发布了《上市公司治理准则（修订）》，加强了对公司治理的要求，包括披露董事会和高管人员的信息等，对中国上市企业的 ESG 披露起到了一定的推动作用。2021 年，发布了《公开发行证券的公司信息披露内容与格式准则》第 2 号和第 3 号，要求企业在半年报和年报中新增环境和社会责任章节，进一步推动上市企业履行社会责任。2022 年，发布了《上市公司投资者关系管理工作指引（2022 年）》，强化企业对利益相关方诉求的关注与理解。总之，随着各类监管政策法规的陆续出台，中国证监会也加大了对 ESG 信息披露的要求。

3）证券交易所政策法规。2006 年，随着企业对环境、社会和治理绩效关注度的不断增加，ESG 理念在全球范围内兴起，上海和深圳两大证券交易所开始要求上市公司提交社会责任报告，表明资本市场也开始关注企业在环境、社会和公司治理方面的表现等非财务绩效，这标志着我国资本市场对 ESG 理念的逐步引入和重视。

2022 年 1 月，上海证券交易所、深圳证券交易所分别更新了上市规则，新版上市规则首次纳入了 ESG 相关内容，要求上市公司按规定披露 ESG 情况，特别是负面事件的披露，损害公共利益的公司可能会被强制退市等。

2024 年 4 月，上海证券交易所、深圳证券交易所和北京证券交易所正式发布《上市公司可持续发展报告指引》，作为国内上市企业首个统一、标准、实用的 ESG 披露标准，该指引将引导和规范上市公司发布《上市公司可持续发展报告》或《上市公司环境、社会和公司治理报告》，并要求进入上证 180 指数、科创 50 指数、深证 100 指数等重要指数的上市公司强制披露信息，标志着我国进入了 ESG 强制披露时代。

1.3　电网企业推进高质量可持续发展面临的挑战

新时代背景下，越来越多的企业注重高质量发展。ESG 理念注重企业的长期价值和社会责任，致力于企业在环境、社会和治理方面的协调发展，与高质量发展的目标相契合，也与中国式现代化中强调的可持续发展、人与自然和谐共生等理念高度一致。因此，贯彻落实 ESG 理念成为中央企业履行社会责任、实现更高质量、更有效率、更可持续发展的必由之路。

建设新型电力系统是电网公司推进高质量发展的重要抓手，也是一项复杂、渐进的系统性工程，涉及大量的环境、社会、治理等方面的问题。在环境方面，能源发展涉及较多同周边生态环境主体的利益平衡协调问题；在社会方面，目前我国电力系统处于转型阶段，相关工程项目存在引发社会公共事件的风险；在治理方面，新型电力系统基础建设具有显著的公共属性，其在建设管理过程中需要及时回应地区民众、政府机构、投资主体及其他社会组织的广泛关切。与此同时，当前复杂严峻的国内外形势对我国新型电力系统建设提出了新的挑战，除了关注安全性、可靠性与经济性等因素外，需要更多地纳入社会发展与生态环保等方面的考量，亟待建立面向外部性风险的管控能力。

在新发展理念下，传统基建领域面临一系列高质量发展要求，亟需构建新的治理格局。一方面是电网工程投资理念亟待丰富，传统的基建项目投资决策对环评、水保等方面均有前置要求，但对保护生物多样性和利益相关方权益等方面的约束碎片化、不成体系。2017 年"云南绿孔雀案"中，总投资 30 多亿元的戛洒江一级水电站因对绿孔雀生存环境可能造成严重威胁，被公益组织提起诉讼，最终被法院责令暂停施工，已投入的高昂成本可能付诸东流；另一方面是电网工程投资决策有望转变，传统投资策略考虑安全性、可靠性与经济性为主，可能导致更符合可持续发展理念的项目难以获批。当前电网基建项目管理及评价机制更关注其内部性要求，对外部性评估较为分散，未形成体系化的可持续发展风险管理架构，在环境与社会等维度通常满足底线要求即可，对于可持续发展的要求缺少显性化指引。

1.4 可持续发展政策导向为建设工程领域 ESG 发展提供土壤

随着中国 ESG 政策、监管法规、信息披露和评价标准的不断出台，国内企业 ESG 实践也越来越丰富，很多企业开始注重 ESG，在政府和市场的共同推动下，中国的 ESG 发展已经取得了显著的进步。目前，ESG 信息披露和评价标准均以企业为主体，针对建设工程领域的信息披露和评价标准非常少，但随着与可持续发展理念契合的相关政策相继出台，该领域开展 ESG 信息披露与标准研究的工作基础得到不断强化。

1.4.1 建设工程领域可持续发展相关政策及标准

（1）国际建设工程领域可持续发展政策及标准。2015 年，联合国发布的《2030 年可持续发展议程》将产业、创新和基础设施确定为 17 项主要发展目标之一，其中包括发展优质、可靠、可持续和有抵御灾害能力的基础设施，以支持经济发展和提升人类福祉，这为基础设施工程在规划、建设、运营等全过程中注入了可持续发展理念。

2016 年，世界银行发布的《环境和社会框架》（ESF），要求在对道路建设、电力建设等基建项目发放贷款时，借款国政府完善项目风险管理，提高环境和社会绩效，并在 2019 年推出主权国家 ESG 数据门户网站，以支撑科学的投资决策，进一步推动了可持续发展理念在基建项目中的落地。

（2）国内建设工程领域可持续发展政策及标准。国际社会对基建设施工程的可持续发展十分关注，我国亦非常重视基础设施工程的可持续、高质量发展。早在两千多年前，我国修筑的都江堰不仅解决了当时的灌溉和防洪问题，而且对后世的农业生产和生态环境产生了长远影响，也体现了对自然资源的合理利用和保护。近年来，我国陆续出台了很多契合建设工程领域绿色低碳发展的政策，为我国建设工程领域开展 ESG 信息披露及评价奠定了基础。

1）政策导向。2013 年 1 月，国家发改委和住房城乡建设部发布了《绿色建筑行动方案》，明确提出了"城镇新建建筑严格落实强制性节能标准"和"既有建筑节能改造"两大目标，旨在推动城乡建设走上绿色、循环、低碳的科学发展轨道，促进经济社会全面、协调、可持续发展。这对于转变城乡建设模式，培育节能环保等战略新兴产业具有十分重要意义。

2019 年 2 月，国家发改委发布了《绿色产业指导目录（2019 年版）》，其中第五部分内容为基础设施绿色升级，主要是提升重大基础设施建设的绿色化程度，提高人民群众的绿色生活水平，包括建筑节能与绿色建筑、海绵城市、园林绿化等内容。这在提升基础设施建设的环保水平和可持续性、推动绿色基础设施的标准化和规范化发展具有重要意义。

2021 年 10 月，中共中央办公厅、国务院办公厅发布的《关于推动城乡建设绿色发展的意见》提出了"推进城乡建设和管理模式低碳转型、大力发展节能低碳建筑、加快优化建筑用能结构"行动举措，有助于提升基础设施的绿色、智能、协同、安全水平。

2022 年 3 月，住房和城乡建设部发布的《"十四五"建筑节能和绿色建筑发展规划》明确提出了建筑节能和绿色建筑的目标——城镇新建建筑全面建成绿色建筑，建筑能源利用效率稳步提升，建筑用能结构逐步优化，建筑能耗和碳排放增长趋势得到有效控制，基本形成绿色、低碳、循环的建设发展方式。这对推动城乡建设绿色低碳发展、助力实现双碳目标具有重要意义。

2023 年 12 月，工业和信息化部等十部门印发了《绿色建材产业高质量发展实施方案》，提出促进建材工业绿色化转型，推动绿色建材增品种、提品质、创品牌，加快绿色建材推广应用的要求。这对建材行业实现高质量发展，推动城乡建设绿色发展和美丽乡村建设以及实现碳达峰碳中和目标具有重要意义。

2024 年 3 月，国家发展改革委、住房城乡建设部发布了《加快推动建筑领域节能降碳工作方案》，提出了加快健全建筑领域节能降碳制度体系，实现超低能耗建筑规模化发展的要求。有助于提升建筑领域能源利用效率、降低碳排放水平，推动更高水平、更高质量的建筑领域节能降碳工作。

2）标准规范。2006 年，住建部首次发布《绿色建筑评价标准》用于评估绿色建筑。在技术层面，该标准的发布标志着绿色建筑技术的发展进入了一个新的阶段，从过去单项技术层面问题的研究，逐渐转向多维度的系统整合；在社会层面，该标准倡导有效利用资源和遵循生态规律的基础上，创造健康建筑空间并保持可持续发展的原则。在此后的 2014 年和 2019 年陆续更新了两版标准，以适应当前国家绿色低碳转型发展的政策。

2021 年 4 月，中国人民银行、国家发展改革委、中国证监会发布了《绿色债券支持项目目录（2021 年版）》，明确将基础设施绿色升级列入了绿色项目，为建设工程项目的界定和遴选提供了标准。

2023 年，国家发展改革委发布了《政府投资项目可行性研究报告编写通用大纲（2023 年版）》和《企业投资项目可行性研究报告编写参考大纲（2023 年版）》，大纲为政府投资项目的可行性研究报告编写提供了统一的标准和格式。大纲的出台对于评估政府投资项目决策的科学性、优化资源配置、增强投资项目透明度，促进可持续发展都具有重要意义。有助于提升政府投资项目的整体质量和效益，为经济社会的高质量发展提供有力支撑。

1.4.2　建设工程领域开展 ESG 评价的必要性

目前，在建设工程领域出台的与 ESG 相关的一系列政策及标准，既包括针对实现"双碳"目标、发展绿色建筑、推进绿色转型发展方面的内容，又有对绿色建设工程项目、绿色评估体系、绿色建筑标准方面的内容。尽管如此，当前政策及标准在建设工程领域的评价体系建立、指标体系细化、指标评分评价等诸多方面，还未能完全满足相关项目的高质量、绿色发展需求。建设工程领域亟需建立更加系统化的 ESG 评价体系并开展相关信息披露与评价。与此同时，电网建设工程作为建设工程领域中的一个细分模块，也是央企履行社会责任、践行可持续发展理念的重要载体，推进相关领域 ESG 评价指标体系研究与实践势在必行。

（1）应对复杂利益相关方管理的迫切需求。建设工程具有建设周期长、参与链条多、影响范围广的普遍特征，涉及的利益相关主体较为复杂。应对这种复杂利益关系带来的管理困难，需要一个可以协调各方利益的有效抓手。建设工程 ESG 评价体系的开发应用可以帮助识别和管理这些复杂的关系，减少潜在冲突，从而增强项目的社会接受度。

（2）**满足监管和舆论关注的必然要求**。基建工程项目往往体量庞大，具有较强的经济外部性，尤其在人权平等、劳工关系、质量安全、气候变化、环境保护等方面容易受到监管部门和外部舆论的重点关注。统一的 ESG 评价体系可以为行业提供一套相对标准化的操作指南，帮助各主体规范项目行为，降低违规风险，从而增强公众信任、树立良好的项目形象。

（3）**应对严峻节碳减排压力的紧迫任务**。建设工程的行业链条与电力、钢铁、水泥等高碳排放行业具有极高重合性，其综合碳排放显著高于其他复合型项目工程。面对严峻的节碳减排压力，工程建设领域亟需从整体上转向低碳发展，打造可持续管理模式。建设工程 ESG 评价体系可以有效切合建设工程项目特点与需要，通过设定有针对性的节碳减排相关评价指标，以评价牵引项目在整个生命周期内减少碳足迹，促进绿色发展。

（4）**电网企业实现高质量发展的应有之义**。在当前国家推进高质量发展以及"碳达峰、碳中和"目标和加快构建新型电力系统的背景下，电网基建工程领域企业通过实施 ESG 评价，可以更好地识别和管理项目中的环境和社会风险，帮助破解电网工程建设快速发展的制约因素，促进技术创新和管理创新，推动构建现代工程建设质量管理体系，提高资源利用效率，实现经济效益与社会效益的双重提升。

第 2 章

基建工程评价体系

目前，国内外对工程建设已有多种评价标准，各有侧重，为构建 ESG 评价体系提供了可行的参考工具库。国外部分机构已经将可持续发展理念融入到工程项目的全生命周期评价，如 BREEAM Infrastructure、SuRe、ENVISION、FAST-Infra 评价体系等，重点围绕资源环境、劳工权利、社区关系等角度来审视工程项目建设。而国内行业协会的评价维度包括工程质量、技术创新、节能环保等，其中重点关注工程实体质量评价。ESG 作为一个有力抓手，能够将已有的工程评价标准囊括在环境、社会、治理三个维度之中，从而更为全面地开展基建项目评价，推动高质量发展在工程建设领域落实落地。

2.1　国际基建评价体系

2.1.1　BREEAM Infrastructure 评级

（1）标准简介。BREEAM Infrastructure（前身为 CEEQUAL）是针对土木工程、基础设施、园林绿化和公共领域项目的循证可持续性评估、评级和奖励计划，旨在帮助基础设施实现较高的环境、社会和治理绩效，提升公众在建设项目过程中的可持续发展意识，营造持续改进的氛围。CEEQUAL 于 2003 年启动，由英国土木工程师协会（Institution of Civil Engineers，ICE）开发，在国际上得到广泛应用。英国建筑研究院（BRE）于 2015 年收购了 CEEQUAL，2022年 10 月，CEEQUAL 更名为 BREEAM Infrastructure。BREEAM Infrastructure 评价标准综合评估了项目的采购、设计、施工和运营，确保每一阶段都符合目标的性能要求。

（2）指标体系。BREEAM Infrastructure 第 6 版评分项分为 8 个维度，包含30 个评估主题，每个主题包括若干个评分项，每项评分项又具体包括目标、评估范围、评估标准、指引等。BREEAM Infrastructure 评价指标体系评分项如表2-1 所示。

表 2-1 　　　　　　　　　BREEAM Infrastructure 评价指标体系

维度	主题	评分项数量
管理	可持续领导力	9
	环境治理	12
	施工责任管理	3
	员工和供应链管理	4
	全生命周期成本	1
韧性	风险评估和缓解	6
	洪水和地表水径流	7
	未来需求	3
社区和利益相关者	社区参与和雇佣	9
	社会福利	10
	经济效益	4
土地利用和生态环境	土地利用和价值	10
	土地污染与修复	9
	生物多样性保护	10
	生物多样性变化和增强	7
	生物多样性长期管理	2
景观和历史环境	景观和视觉效应	13
	历史遗产	17
污染	水污染	8
	空气、噪声、光污染	12
资源	节约资源战略	10
	减少全生命周期碳排放	4
	环境影响	5
	循环利用	17
	采购责任管理	6
	建筑废弃物管理	11
	能源利用	11
	水资源利用	9
运输	交通网络	9
	施工物流	10
总计	30	248

资料来源：BREEAM Infrastructure 技术手册第 6 版。

（3）**评价结果**。BREEAM Infrastructure 评价结果按照各部分权重进行计分，计分结果分为 6 个等级。BREEAM Infrastructure 认证等级如表 2-2 所示。

表 2-2　　　　　　　　**BREEAM Infrastructure 认证等级**

评级	总体得分
杰出	≥90%
出色	≥75%
优秀	≥60%
良好	≥45%
合格	≥30%
未评级	30%

资料来源：BREEAM Infrastructure 技术手册第 6 版。

2.1.2　SuRe 评级

（1）**标准简介**。SuRe 是一套将可持续性和适应性要素整合到基础设施开发和升级的全球自愿性标准，适用于基础设施项目的整个生命周期，因此能够准确评估效益和成本，从而全面考虑项目随着时间的推移而产生的影响。SuRe 的制定依据是国际可持续标准联盟（ISEAL）的"制定社会和环境标准所需遵从的良好实践规范（6.0 版）"。SuRe 适用于基础设施项目，包括资产和服务，重点是满足公共需求的基础设施。

基础设施的可持续性指以一种不会浪费资源、尽量减少或避免环境损害、促进社会平等的方式满足服务需求的能力；适应性指在面对压力和冲击（无论是否预见的）时维持及恢复功能的能力。SuRe 整合了可持续性和适应性，承认这两者之间的互利关系，并认识到需要以长远眼光看待基础设施开发，以满足当前和未来的需求。SuRe 的适用对象为三个目标群体：项目开发方、基础设施贷款方和公共部门。

（2）**指标体系**。SuRe 分为 14 个主题，76 个细分项标准，涵盖环境、社会和治理等领域，以基础设施项目的独立验证及认证为依据。SuRe 评价体系指标如表 2-3 所示。

表 2-3　　　　　　　　　　　　SuRe 评价指标体系

维度	主题	标准数量
治理	管理与监督 可持续性与适应性管理 利益相关方参与 反腐败和透明度	24
社会	人权 劳工权利和工作条件 客户为本和包容性 社区影响 社会经济发展	28
环境	气候 生物多样性和生态系统 环境保护 自然资源 土地使用与景观	24
总计	14	76

资料来源：SuRe 官网。

（3）评价结果。SuRe 的绩效依据级别进行评估，其中多数标准是强制性要求，即获得认证必须达到 PL1，若未能达到 PL1 的最低标准，该标准的得分将为 0。SuRe 绩效级别与其定义和绩效要求如表 2-4 所示。

根据项目在 SuRe 的 76 项可持续性标准中的表现，授予不同的认证（铜—银—金）（z＞y＞x），受到认证的基础设施项目必须接受由独立的认证机构提供的第三方审核，初次认证后，每年进行一次监督审核。SuRe 认证等级如表 2-5 所示。

表 2-4　　　　　　　　　　绩效级别与其定义和绩效要求

绩效级别	PL1："推荐"	PL2："超越"	PL3："领先"
定义，绩效要求	该级别的绩效要求被定义为构成可持续性和适应性的最低基准	该级别的绩效要求大大超越最低的可持续性要求	该级别的绩效要求构成了领先的实践。达到该级别的项目是该领域的行业领导者和创新者

资料来源：SuRe 官网。

表 2-5　　　　　　　　　　　　　SuRe 认证等级

SuRe 铜牌认证	SuRe 银牌认证	SuRe 金牌认证
• 项目遵从国内和国际法规。 • 满足所有红色标准的 PL1 要求。 • 项目得分等于或高于每个主题（共 14 个主题）的最高总分 x%	• 项目超过了最低合规要求。 • 满足所有红色标准的 PL1 要求。 • 项目得分等于或高于每个主题（共 14 个主题）的最高总分 y%	• 项目具有领先意义，并实现了卓越的绩效。 • 满足所有红色标准的 PL1 要求。 • 项目得分等于或高于每个主题（共 14 个主题）的最高总分的 z%

资料来源：SuRe 官网。

2.1.3　Envision 评级

（1）标准简介。Envision 由哈佛大学设计研究生院"Zofnass 可持续基础设施计划"和可持续基础设施协会（ISI）共同合作开发，旨在帮助基础设施的利益相关方实施更具可持续性的项目。Envision 作为一个框架体系，为各种类型和规模的基础设施提供了衡量其可持续性的全行业指标。该框架体系提供了一个标准和绩效目标体系，以指导决策者和帮助项目团队在规划、设计和施工期间确定可持续发展的方法，并贯穿项目的运营、维护及整个生命周期阶段。Envision 评价体系根据基础设施项目对可持续发展的经济、环境和社会方面的总体贡献，从项目对社区的价值、资金的有效利用以及对可持续发展条件的贡献等方面对项目进行评估。

（2）指标体系。Envision 评价体系由 64 项可持续发展指标组成，称为评分项，分为五大类别和 14 个子类别，涵盖了基础设施可持续发展的各个方面。Envision 使用评分项系统评估项目绩效，每个评分项都包括目的陈述与指标、绩效等级、评分项描述、改进方法、评估标准等。每个适用评分项的得分相加得到总分，最终评级得分由获得的总分值与总适用分值的百分比表示。此外，Envision 评价体系鼓励创新方法，以推进可持续基础设施实践，每个类别都包括一个"创新或超过评分项要求"的评分项，可以获得额外创新表现积分。

评分项的绩效等级由三个因素加权评定：一是可持续发展指标的重要性和影响；二是所需具体行动的难度；三是满足要求所产生的示范性影响。

Envision 评价体系如表 2-6 所示。

表 2-6 Envision 框架体系

一级指标	二级指标	评分项数量
生活质量	流动性	3
	社区	4
	福祉	6
	创新或超过评分项要求	1
领导力	协作	4
	经济	3
	规划	4
	创新或超过评分项要求	1
资源分配	材料	5
	能源	4
	水	4
	创新或超过评分项要求	1
自然界	选址	4
	保护	4
	生态	5
	创新或超过评分项要求	1
气候和韧性	排放	3
	韧性	6
	创新或超过评分项要求	1

资料来源：Envision 官网。

（3）评价结果。Envision 绩效分为五个等级：改进、增强、超越、保护和恢复。改进、增强和超越意味着可持续性绩效提高；保护级别为没有负面影响；恢复级别表示社会系统或自然资源和生态系统的显著恢复。然而并非所有评分项都有五个绩效等级，等级取决于评分项的性质，以及在等级之间进行有意义区分的能力。Envision 绩效等级如表 2-7 所示。

表 2-7 Envision 绩效等级

级别	绩 效 表 现
改进	绩效高于传统，略高于监管要求

续表

级别	绩 效 表 现
增强	在正确轨道上的可持续绩效，有可实现卓越表现迹象
超越	高水平的可持续绩效
保护	已实现基本零负面影响的绩效
恢复	恢复自然或社会系统的绩效（不一定适用于所有目标）

资料来源：Envision 官网。

已完成 Envision 验证的项目将根据其可持续发展表现获得奖项。根据所获得的分数百分比，有 4 个奖项类别：验证奖（20%）、银奖（30%）、金奖（40%）和白金奖（50%）。

2.1.4　FAST-Infra 评级

（1）标准简介。2023 年的第 28 届联合国气候变化大会上，全球基础设施巴塞尔基金会（GIB）发布了 **FAST-Infra 可持续基础设施标识**，用于加速投资可持续基础设施项目。FAST-Infra 是由气候政策倡议组织（CPI）、汇丰银行、国际金融公司（IFC）、经合组织和全球基础设施基金于 2020 年初在马克龙总统的"一个地球实验室"的倡议下构想的。包括各级政府、金融部门、投资者、发展金融机构、保险公司、评级机构和非政府组织的 50 多个全球实体组织积极参与该标识的制定。

每一项指标都包括基本要求和积极贡献两个层面。例如，"生物多样性和生态系统服务"指标的"基本要求"包括：工程项目不得直接或间接对生物多样性和生态系统服务造成不利影响，不得直接或间接显著改变或破坏自然或关键生态走廊；"积极贡献"可以是：已实现或预期达成增加自然栖息地的面积、减少正在退化的栖息地比例、减少野生动物偷猎或非法贩运等。

FAST-Infra 评价可应用于工程项目的全生命周期，包括规划、设计、施工、运营等阶段，旨在使工程项目开发商和运营商能够展示基础设施资产的积极影响，并吸引投资者。

（2）**指标体系**。FAST-Infra 框架整合了 25 个现有标准和法规，通过环境友好、社会友好、治理友好和适应性/韧性四个维度来展现基建项目的可持续性，包括 14 项标准，与可持续发展目标、《巴黎协定》和《二十国集团（G20）高质量基础设施投资原则》一致。在环境维度，强调对环境的积极影响，例如与低碳路径保持一致，高效使用材料，以及采取措施加强生物多样性和自然环境保护。在适应力/韧性维度，强调为确保有效应对气候、环境、人为和灾害风险做出积极贡献。在社会维度，强调为当地社区和项目方的医疗保健、安全和保障、人权和劳工权利、当地创造就业机会、性别平等和增加受教育机会等方面做出积极贡献。在治理维度，强调满足基本政策、流程和程序的基本要求，包括合规、反贿赂和腐败、政府财政透明度和透明采购。FAST-Infra 框架如表 2-8 所示。

表 2-8   FAST-Infra 框架

环境维度	适应性/韧性维度
• 生物多样性和生态系统保护 • 减缓气候变化 • 循环经济与资源效率 • 污染防治	• 恢复力和气候适应
社会维度	治理维度
• 包容性和性别 • 健康和安全 • 人权与劳工权利 • 土地征用与安置 • 利益相关者参与	• 反腐败 • 透明度和问责制 • 财务诚信和财政透明度 • 可持续发展报告与合规

（3）**评价结果**。完成自评并符合要求的工程项目获得 FAST-Infra 自评标识，经认可的第三方验证机构进行外部独立审查后，获得 FAST-Infra 的认证标识。FAST-Infra 标识的应用使可持续基础设施资产之间的指标具有可比性。

2.2 国内基建评价体系

2.2.1 国家优质工程评价标准

（1）**标准简介**。国家优质工程奖（以下简称"国优奖"）设立于 1981 年，是经国务院确认的我国工程建设领域设立最早、规格最高，跨行业、跨专业的国家级质量奖，代表着我国工程建设质量方面的最高荣誉。国优奖的主管单位与主办单位分别是国家发展和改革委员会与中国施工企业管理协会，旨在倡导提升工程质量管理的系统性、科学性和经济性，宣传和表彰设计优、质量精、管理佳、效益好、技术先进、节能环保的工程项目。国优奖对建设工程整体品质进行综合评价的评选特点，体现对行业的示范、引领作用，一级指标指明了提升建设工程整体品质的方向，将可持续战略、创新驱动发展战略、绿色发展理念、高质量发展要求等融入创建全过程，使企业发展与行业发展、国家发展协调一致。

国优奖评选范围涵盖冶金、有色、煤炭、石油、电力、水利、核工业、铁路、公路、水运等各个行业的建设工程项目。奖励对象为参与工程建设的建设单位和勘察、设计、施工、监理单位。

（2）指标体系。国优奖由中国施工企业管理协会实施评选，每年评选一次，从工程规模（40分）、设计水平（100分）、科技进步（100分）、绿色建造（60分）、实体质量（600分）、综合效益（100分）等六个方面（设定为一级评价指标）进行综合评价，综合评价采取评分制的方法，总分1000分。综合评价内容中的工程规模、设计水平、科技进步、绿色建造、综合效益等5项一级指标的得分均由基本分和相关加分项（即二级指标）构成。

2.2.2　鲁班奖评价标准

（1）标准简介。中国建设工程鲁班奖（以下简称"鲁班奖"）是一项由中华人民共和国住房和城乡建设部指导、中国建筑业协会实施评选的奖项，是中国建筑行业工程质量颁发的最高荣誉奖。主要授予中国境内已经建成并投入使用的各类新（扩）建工程，同时工程质量应达到国内领先水平，获奖工程数量不超过240项，获奖单位为获奖工程的主要承建单位、参建单位。鲁班奖为提高中国建设工程质量树立了高标准，为建筑业企业诚信经营、树立"中国建造"品牌明确了管理目标，为行业评价工程项目建立了一种创新激励机制，日益成为广大建筑业企业和业主树立崇高社会形象的荣誉追求，对于继承中国建筑优秀传统、弘扬中华民族建筑文化、推动企业科技进步和管理创新、促进工程质量管理水平升级和提高企业核心竞争力具有里程碑式的重大意义。

（2）指标体系。鲁班奖每两年评选一次，一级指标包含了五大部分（共 100 分），其中包括安全使用美观（70 分）、技术进步与创新（8 分）、节能环保（10 分）、科学管理（6 分）和综合效益（6 分）。

2.3 电力行业建设工程评价体系

2.3.1 中国电力优质工程评价标准

（1）标准简介。中国电力优质工程奖是我国电力建设行业工程质量的最高荣誉，每年开展一次评审及推荐活动，由中国电力建设企业协会负责组织实施。评选范围是具有完整使用功能的新建、扩建和技改电力工程，如火力发电、水力发电（含抽水蓄能）、输变电、风力发电、光伏发电（含光热）、分布式能源、储能及其他电力工程等。获奖工程的建设综合指标达到国内同期、同类先进水平，具有设计优秀、管理科学、质量上乘、技术领先、节能环保、工艺精湛等特点，代表我国电力行业最高工程质量水平。

（2）指标体系。中国电力优质工程评审采用量化评分方式，以基本指标（1000 分）和加分指标（100 分）相结合的方式进行综合评分，基本指标包含五大项评价内容：形式审查（150 分）、实体核查（600 分）、设计水平（50 分）、科技创新（100 分）、综合管理（100 分）。

下列项目按加分项计分：

- 工程项目有整体信息化规划，应用信息化技术，实施智慧工地建造；
- 加大科技创新投入，研发施工机具；
- 实施标准化建设或安全生产标准化建设；
- 参建单位获得信用评价等级证书。

2.3.2 南方电网优质工程评价标准

（1）标准简介。 中国南方电网优质工程奖（以下简称"网优奖"）是中国南方电网有限责任公司工程质量的最高荣誉奖。由公司负责并每年组织实施。参评工程需全面落实建设"智能、高效、可靠"绿色电网的战略目标，加强工程建设质量管理，促进电力建设工程质量水平和管理水平的提高，鼓励技术进步，保障投资效益，建设规范达标、绿色可靠、文档齐全的基建工程，在建设理念及各个建设环节应符合国民经济进展不同时期所倡导的理念，其工程建设项目的综合指标应达到国内同期、同类先进水平。

（2）指标体系。 形式审查：由一票否决项与申报资料评分两部分组成，参评项目含有一票否决项内容则审查"不通过"，其余申报资料对照评审内容按评审标准进行打分，主要审查内容如表 2-9 所示。

表 2-9　　　　　　　　　　网优奖形式审查主要内容

审查类型	序号	评审内容	分值
一票否决项	1	未提供可研批复文件	不通过
	2	申报工程投产时间不在时限内	不通过
	3	未提供投产后质量监督报告	不通过
	4	未完成工程竣工验收	不通过
申报资料（共 150 分）	5	申报表（申报单表公章齐全）	10
	6	合规性证明及专项验收文件	120
	7	获奖证书	10
	8	工程照片	5
	9	工程创优汇报材料（视频或 PPT）	5

现场核查：按照输变电工程、配网工程、小型基建工程设置核查评分指标，每种项目类型设有一、二、三级指标。依据《关于开展南方电网公司 2024 年度优质工程核查的通知》，输变电工程（共 870 分）下设输电工程、变电工程 2 种工程专业类型；配网工程（共 870 分）下设配电房、箱式变压器、台架变压器、储能及新能源、充电桩工程 5 种工程专业类型；小型基建工程共 850 分。

网优奖各项类型三层级指标分布情况如表 2-10 所示。

表 2-10　网优奖各项目类型三层级指标分布情况（2024 年度）

项目类型	工程专业类型	一级指标数量	二级指标数量	三级指标数量
输变电工程	变电工程	7	15	61
	输电工程	6	12	39
配网工程	配电房	6	17	51
	箱式变压器	6	17	43
	台架变压器	6	17	41
	储能及新能源	6	16	50
	充电桩工程	7	22	51
小型基建工程	—	5	10	18

以变电工程为例，其具体评分一、二级指标如表 2-11 所示。

表 2-11　网优奖（变电工程）现场核查评分表（2024 年度）

一级指标	二级指标	分值
职业健康安全与环境管理（50 分）	实体安全	35
	安健环管理文件	15
建筑工程质量（250 分）	实体质量	170
	工程质量管理文件	80
电气安装质量（300 分）	实体质量	250
	工程质量管理文件	50
技术经济指标（50 分）	可靠性指标	20
	运行技术指标	20
	环境指标	10
科技创新（120 分）	科技创新	70
	知识产权	15
	技术创新与推广应用	35
综合管理（100 分）	工程管理	20
	档案管理	70
	生产运行管理	10
负面清单（扣分项）	不设二、三级指标，按照评价内容对不符合项进行相应扣分，每项扣 20 分	

2.4　小结

综上所述，在评价内容上，国际发达经济体已将 ESG 的评价理念逐步应用到基础设施建设领域，强调环境及社会影响作为项目建设评价的重要一环。而我国主流的建设工程项目评价，更注重项目成果的质量与安全。从国优奖、鲁班奖等评价指标可以看出，工程评级以工程质量为评价主体，引导绿色发展、可持续发展的力度相对不足。当前电力工程项目管理及评价机制也将安全性、可靠性与经济性作为主要考虑因素，未凸显绿色运维、社区和谐、产业工人权益保障等要素，对环境和社会维度评价也是承接政策和制度要求"合规即可"，对于评价高质量可持续发展的工程项目存在进一步优化空间。在数据来源上，国外机构在进行基础设施评级时，除项目建设方提供的资料以外，还会对周边社区、政府、供应商等利益相关方进行调研，确保评级结果相对客观公正。国内行业协会则一般要求项目建设方自行申报材料，并通过现场检查等方式核实材料的真实性，数据来源渠道相对单一。

随着投资规模扩大化、资金来源多元化，工程项目对环境、社会、经济的影响逐步增强，如果对项目建设的评价主要着眼于工程质量，就难以全面衡量高质量发展、可持续发展的整体成效。考虑到西方国家基础设施 ESG 评级体系的评价标准一般基于自身的实践经验和市场环境设计，其社会结构、法律体系以及项目管理等都与我国存在较大差异。相关评级标准对于国内基础设施缺乏针对性和适应性，难以用于评价我国建设工程项目。因此，国内亟需开发基于我国工程建设实际的 ESG 评价体系。

第 3 章

电网工程 ESG 评价体系

2022 年，南方电网公司分"三步走"开展电网工程 ESG 研究，以问题为导向，将 ESG 理念引入电网工程评价并根据本土化、体系化原则构建了一元（一套 ESG 指标）、多维（十个一级维度）、分级（单项目、业主项目部、建设单位、省级电网公司）的基建管理新型综合评价机制。评价指标库既完全包含了传统的优质工程评价指标项，又新增完善了外部指标。评价结果作为基建领域评先评优工作和分子公司绩效考核的依据，实现基建管理贯通职能管理与项目管理的整体画像。截至 2024 年 9 月底，南方电网公司已经将 ESG 试点评价示范推广覆盖南方五省区主配网建设。

3.1　构建 ESG 评价指标体系

3.1.1　总体思路

南方电网公司从电网建设实际出发，秉承科学完备、守正创新的原则，找准 ESG 核心议题，整合现行基建八大类检查评价标准，打造统一的工程建设领域评价体系，包括 10 项一级指标、34 项二级指标和 99 项三级指标。顶层设计的 10 项一级指标与团体标准《企业 ESG 披露指南》一一对应，其中 7 项完全承接，2 项优化为"利益相关方"与"产业工人权益及保障"，1 项结合工程建设实际优化为"质量与安全"。底层设计通过合并、拆分、沿用、删除等方法完全包含现行基建检查评价，形成 99 项三级指标。由一级指标与三级指标双向碰撞，提炼工程高质量建设的关键要素，形成 34 项二级指标。

（1）沿用优化原有标准。在环境维度，优化"技术管理"中"绿色低碳电网标准执行"子项至"节能减排"二级指标；**在社会维度**，优化"安全管理""质量管理"所属子项至"质量与安全"一级指标，优化"采购及承包商管理""造价管理"所属子项至"利益相关方"一级指标；**在治理维度**，按类优化"依法合规建设""进度管理""综合管理""技术管理"所属子项至"治理结构""治理机制""治理效能"内相关二级指标，原有评分标准在 ESG 指标中的沿用分类如表 3-1 所示。

表 3-1　　　　　　　　　　原有评分标准在 ESG 指标中的沿用分类

序号	维度	所属 ESG 一级指标	原基建管理年度综合评价现场检查评分维度
1	环境	气候变化	"技术管理"中"绿色低碳电网标准执行"子项
2	社会	质量与安全	安全管理、质量管理
3		利益相关方	采购及承包商管理、造价管理
4	治理	治理结构	
5		治理机制	依法合规建设、进度管理、综合管理、技术管理
6		治理效能	

（2）新增完善外部指标。针对原检查评分标准在绿色低碳发展、产业队伍建设、项目周边关系等方面的欠缺，课题组聚焦生物多样性、耕地保护、产业工人权益及保障、诚信体系建设等内外部关键影响因素新增"生物多样性""队伍建设""项目周边关系"等 5 项二级指标评分标准。创新引入第三方开展外部效应评价，运用问卷调查、系统数据分析、舆情监测等方法，问需于民，问计于民，全面提升现代化基建管理水平。新增指标在 ESG 指标中的分类如表 3-2 所示。

表 3-2　　　　　　　　　　新增指标在 ESG 指标中的分类

序号	维度	所属 ESG 一级指标	新增二级指标
1	环境	资源消耗	生物多样性
2	社会	质量与安全	应急管理
3		产业工人权益及保障	队伍建设
4		社会响应	项目周边关系
5			应对公共危机

3.1.2　指标体系

（1）一级指标构建。一级指标作为指标体系的宏观展现，重在突出要素治理水平及治理效能发展态势。紧扣环境、社会、治理三维治理理念，参照《企业 ESG 披露指南》团体标准及南方电网公司电网工程项目管理经验，共设置

10 项指标（如图 3-1 所示）。

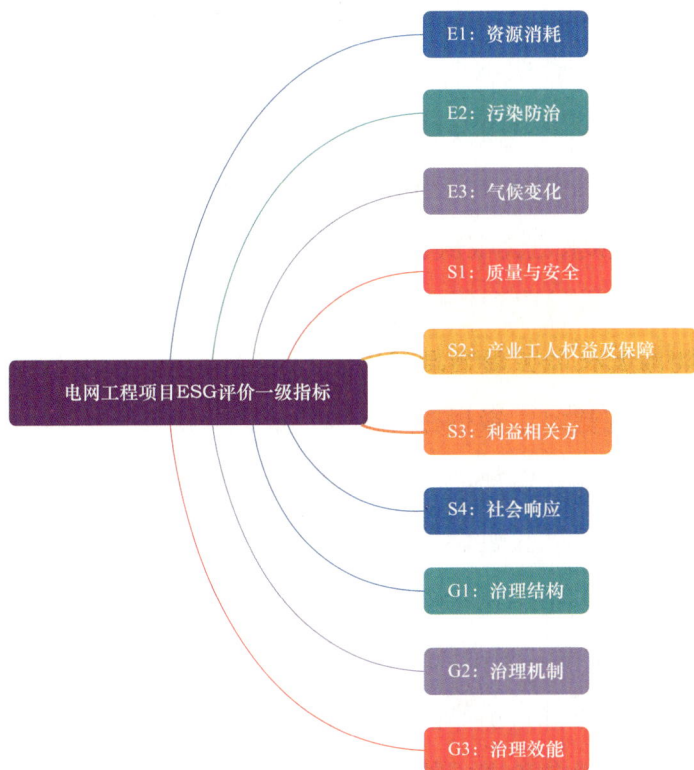

图 3-1　电网工程项目一级指标架构

顶层设计的 10 项一级指标统筹展现了电网建设在环境、社会、治理等方面的高质量发展目标：

在环境维度，坚持以"美丽中国"为目标，促进人与自然和谐共生。电网工程建设规划及管理历来秉承可持续发展理念，通过创新性地构建环境维度内"资源消耗""污染防治""气候变化"三项指标，带动生态及生物多样性保护、耕地保护、能源转型和区域协调发展，统筹推进工程建设节能减排，进一步发挥其落实"双碳"目标的作用，促进人与自然和谐共生，锚定美丽中国建设目标。

在社会维度，坚持以人民为中心，处理好工程与社会的关系。电网工程建设的高质量发展要坚持以人民为中心，通过"质量与安全"指引打造人民放心的工程；以"利益相关方"引导参建方协同奋进；聚焦"产业工人权益及保障"，推动产业队伍整体素质提升，扭转队伍老龄化趋势，瞄准人民群众关注的焦点难题，着力解决产业工人最关心最直接最现实的切身问题。

在治理维度，坚持透明治理与市场配置资源导向，优化项目部治理结构、完善治理机制、提高治理效能，持续加强基建领域治理体系和治理能力现代化建设。通过构建统一的电网工程项目 ESG 管理评价框架，引导行业上下游企业共同完善诚信体系，让表现良好的企业更容易获得合同、以更低成本获得融资，让大家从 ESG 实践中增加获得感，进而构建高质量电力工程建设生态圈。

（2）二级指标构建。二级指标是环境、社会、治理三维理念与工程建设实现相互融合贯通的桥梁，其核心在于突出 10 项一级指标下工程项目管理的关键要素，在科学可行、守正创新的前提下指引工程建设高质量发展。

在梳理我国现行工程建设法律法规和标准体系，结合工程项目管理现状的基础上，设置 34 项指标，重点关注以下要素：

在环境维度，针对项目前期阶段，拟建工程项目应符合可持续发展规划，采用资源消耗低、污染防治小、周边影响少的规划设计，提出有关资源消耗、污染防治的预防措施；在项目建设阶段，应遵守环境保护相关的法律规定，积极落实工程绿色低碳建设措施，严格执行建设项目"三同时"管理制度，积极做好噪声、污水、固体废物的防治管理。

在社会维度，聚焦工程项目人身安全、工程质量、业主项目部、员工满意度、工程造价、承包商关系、项目周边关系等。应加强与政府的沟通合作，减少项目对周围社区的负面影响，在建设项目的同时履行社会责任，积极参与推动乡村振兴、公益捐赠等公益事业，创造就业机会。

在治理维度，重点关注商业道德、业主项目部、党组织管理、综合管理、合规管理等。建立健全工程项目管理机制，加强工程建设过程管理，注重相关法律知识及法律技能培训，提升项目管理人员的合规意识，同时以工程建设目标为导向，强化结果应用，引入奖惩措施，以发挥工程建设治理的最大效用。

电网工程项目 ESG 评价体系标准如表 3-3 所示。

表 3-3　　　　　　　　　　电网工程项目 ESG 评价体系标准

维度	一级指标	二级指标
环境	资源消耗	能源利用、材料利用、土地利用、水资源利用、生物多样性*
	污染防治	电磁与噪声、环保水保、固体废物
	气候变化	清洁能源使用、节能减排
社会	质量与安全	质量行为、建筑工程质量、电气安装质量、线路工程质量、安全事故事件、应急管理*、作业安全
	利益相关方	供应链管理、承包商关系、利益相关方沟通
	产业工人权益及保障	劳动保障、职业健康与安全、队伍建设*
	社会响应	项目周边关系*、公益活动、应对公共危机*
治理	治理结构	项目部管理、党组织管理
	治理机制	综合管理、合规管理、风险管理、进度管理
	治理效能	创新发展、商业道德

*　新增评价项。

（3）三级指标构建。三级指标是在二级指标层级的基础上，针对某项评价设置具体的评价指标项，用于评价工程建设管理具体实践。三级指标的设计全面参考了《公司指标库（2021）》《基建现场综合检查评价标准》《优质工程评分标准》等现有基建评价规范标准，通过新增、合并、拆分、沿用、删除等方法完全包容现行基建检查评价，形成了 99 项三级指标。

三级指标的设置满足可操作、可量化、可比对等基本要求：

指标的可操作。构建工程项目 ESG 评价指标必须扎根于工程项目管理实际，紧密贴合现行管理的规范及运行机制，理顺 ESG 目标与国家法律法规、行业优质工程引导、企业项目管理规范的接口，整合工程项目实际管理数据，完善 ESG 治理薄弱环节，使得各项具体特征指标具备可操作性，能够全面准确评价工程建设项目 ESG 表现。

指标的可量化。综合评判三级指标中定性指标与定量指标的结构比例，特别对定性指标进行量化折算，确保二级指标实现全量化数据评价，使得评价体系结果更加直观化、可视化，打造 ESG 指标评价数据资产及数字应用基础。

指标的可比对。通过梳理不同类型工程项目共性管理要素，选取能够将工程 ESG 管理水平在统一框架下进行评价的指标，评价结果能客观反映工程建设的综合水平，奠定企业单工程、企业工程群、同行多企业工程群、跨行多企业工程群等框架下 ESG 评价分别在长时跨度及实时节点的比对分析基础。

3.2 单项目 ESG 评价模型及方法

3.2.1 算法模型

电网工程 ESG 评价体系的算法模型设计整体分为三个部分，分别是模型数据理解与准备、模型构建与评估，以及模型部署。

（1）**模型数据理解与准备**。根据 ESG 模型搭建中对数据的需求，在全面梳理现有数据源的基础上，综合考虑模型搭建规模、利益相关方诉求、技术设计及系统集成等方面的需求，针对新增指标及数据源进行分析。由于现阶段缺乏一套统一规范的 ESG 信息披露标准，因此电网工程项目 ESG 信息存在显著差异和不确定性，其描述方式往往存在模糊性。在此背景下，ESG 评价模型通过指标划分的方式转化建模需求，通过严格的判别标准和交叉审核机制，将模糊、随意的文字表述转换为统一的评价指标。这样做一方面使得不同企业的披露信息具有可比性，另一方面进一步优化模型搭建服务实际应用场景的功能，对已有数据和新增数据进行整理与清洗，同时对数据质量和实际应用时的有效性进行验证。具体实施流程如图 3-2 所示。

（2）**模型构建与评估**。电网工程项目 ESG 评价体系指标在定性项与定量项两大类三级指标的基础上采用 AHP 层次分析法及熵值法进行权重赋值。AHP 层次分析法可将与决策总是有关的元素分解成目标、准则、方案等层次，在此

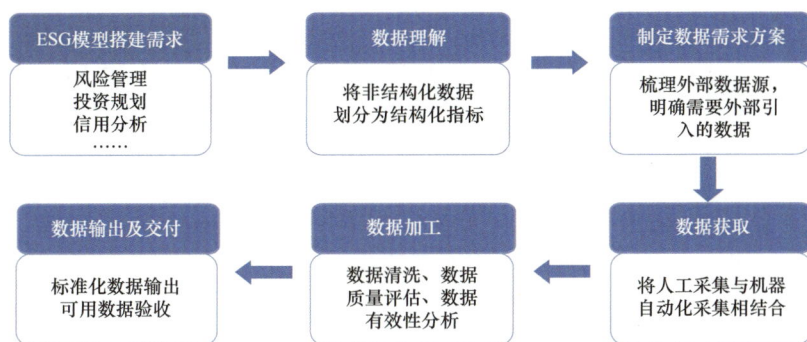

图 3-2　数据开发流程

基础之上进行定性和定量分析。在采用 AHP 层次分析法确定各指标维度的权重时，首先结合 1～9 级评分法，根据已构建的评价指标制定一份问卷，然后邀请专家对各项指标的重要程度进行评分，接着根据专家的打分结果，构建得出量化判断矩阵，并利用方根法求解该矩阵的最大特征值与特征向量，最后，对最终结果进行一致性检验。

（3）模型部署。结合整体指标框架，按模块化思路对指标算法进行整体设计，确定形成"优质工程评价""新增指标评价""综合检查等其他评价"三大模块，根据各模块在二级和三级指标中的占比设置该模块在相应报告中的权重，以电网工程 ESG 评价评级报告（总报告）为例，"优质工程评价"模块权重为 0.4～0.55，"新增指标评价"权重为 0.15～0.25，"综合检查等其他评价"权重为 0.2～0.45，结合相应工程在创优策划、抽检结果等客观情况适当调整权重选值。报告体系模块化算法框架示意如图 3-3 所示。

图 3-3　报告体系模块化算法框架示意

基于上述设定权重和模块算法设计，ESG 新增指标评价将依次按照三级指标、二级指标、一级指标的顺序对基础评价数据进行汇总计量。在这一过程中，各层级指标的权重设定遵循"基础权重设定+权重动态调整"模式。其中，根据模型算法设计预设权重，新增指标评价总和在 15%~25% 之间。

每一评价主体的 ESG 最终得分由 E、S 和 G 各部分得分加权汇总得出，ESG 最终得分即：

ESG 评分总分=E 环境总分×E 环境权重+S 社会责任总分×S 社会责任权重+G 治理总分×G 治理权重（满分 100 分）

E、S 和 G 各部分的得分由每部分下设的三级指标项组成，各部分得分的汇总计量过程共分为三个步骤：

计算三级指标得分：对于三级指标项，设定满分值以及得分/扣分规则，符合指标描述评价内容的得满分，符合指标内容但涉及扣分规则的得一定分，不符合指标描述评价内容得 0 分，得到该三级指标项实际分数（满分 100 分）；

计算二级和三级指标得分：基于三级指标得分，依据所设定的各项三级指标的权重逐层进行加权汇总得到二级指标得分；按照同样的方法计算得到各一级指标项实际分数（满分 100 分）；

计算总得分：基于一级指标得分，依据所设定的各项一级指标项的权重进行加权汇总，最终得到该部分评价结果总得分（满分 100 分）。

基于上述评价流程所得评价得分结果划分电网工程项目的 ESG 绩效等级，能够助力电网工程项目有效提升 ESG 绩效，保障电网工程项目和电力企业的长远环境效益、社会效益和治理效能，实现可持续发展。

根据 ESG 评价得分划分为四级区间，对应 A、B、C、D 四类 ESG 绩效等级，如表 3-4 所示。

表 3-4　　　　　　　　　　　电网工程 ESG 绩效等级说明

ESG 评价得分区间	ESG 绩效等级	ESG 评价表现
[100，90）	A	项目的开展能够带来较大的环境和社会效益，能够大量减少施工活动对环境和社会的负面影响
[90，75）	B	项目的开展能够带来一定的环境和社会效益，能够尽量减少施工活动对环境和社会的负面影响

续表

ESG 评价得分区间	ESG 绩效等级	ESG 评价表现
[75，60]	C	项目的开展能够带来一定的环境和社会效益，施工活动对环境和社会带来一定负面影响
[60，0]	D	项目的开展不能带来环境和社会效益，施工活动对环境和社会带来较大负面影响

3.2.2　评价方法

（1）**评价数据来源**。电网工程 ESG 的评价范围为南方电网范围内 220kV 及以上输变电工程、抽水蓄能工程等。电网工程 ESG 评价指标来源于两大类别，第一类为现行基建管理要素和指标，共计 607 个指标标准；第二类为面向相关方关切的问卷统计数据。电网工程 ESG 评价指标中有针对性地新增了应对公共危机、项目周边关系、劳动保障、队伍建设等面向政府主管部门、社区周边居民、工程产业工人、承包商等利益相关方的评价指标，其评价数据主要通过调查问卷方式获取。基于调查研究的基础科学理论方法，制定面向工程建设内外部相关方的两套调查问卷，采用匿名调研、公开座谈、大数据特征遴选、远程访谈等形式，划定调研时间范围、调研人群及部门条线，并向受访者提供指标说明，在一定时间范围内进行收集统计。

评价数据收集是评价工作的第一步。为规范电网工程 ESG 评价工作，将参建五方（建设、施工、监理、勘察、设计单位）及检测机构等作为评价资料的提供单位，按照环境、社会、治理三个维度收集相关数据资料。

（2）**评价周期、频次**。电网工程 ESG 的评价周期（即评价频度）主要基于电网工程 ESG 自身的特点和原始数据资料的获取效率来确定。电网工程 ESG 管理绩效的形成是一个全过程的管理机制。电网工程 ESG 指标具体编制时采用的是年度数据，即表示每年才能计算一次电网工程质量指数并对外发布质量现状、走势、预测的分析报告。

根据指标算法的灵敏性原则，电网工程 ESG 指标对电网工程 ESG 水平的变化轨迹与发展态势的反映要及时灵敏，并具有较强的时效性。因此，应设计合理高效的样本数据采集方案，做到数据容易获得、处理迅速，从而提高电网工程 ESG 评价频度。同时，电网工程建设 ESG 水平在短时期内难以产生较大的变化，因此电网工程 ESG 评价的发布周期也不宜太短。

综上所述，电网工程 ESG 评价周期确定为契合工程建设环节，评价周期以工程项目全过程为周期，推行阶段以过程评价及后评价为主，后续完善建立规划可研、工程建设、投产移交等阶段节点评价。

（3）评价组织方式。电网工程 ESG 评价的组织开展主要包括准备工作、实施评价和结果反馈三个阶段，每个阶段的主要工作环节如图 3-4 所示。

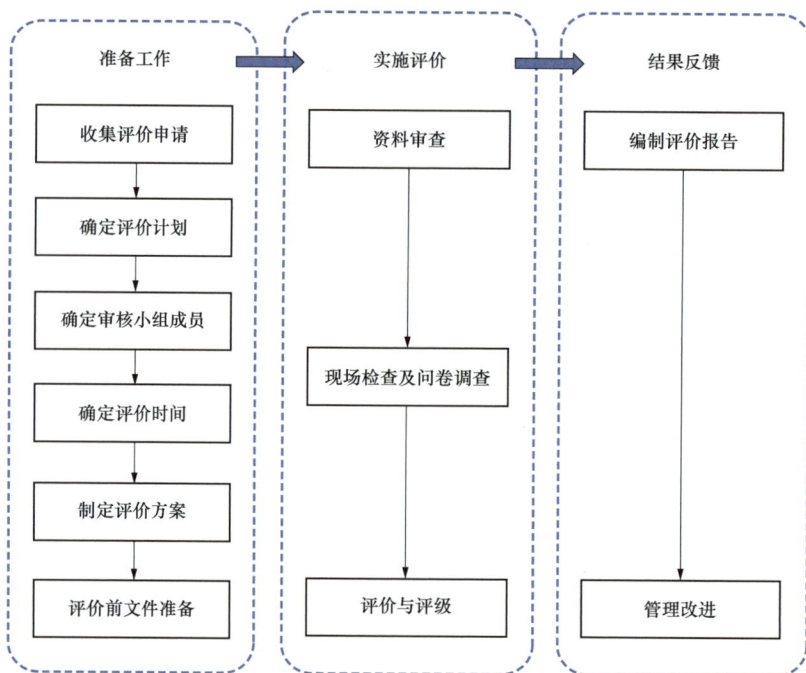

图 3-4　工程建设管理 ESG 评价指标体系运行环节

3.2.3　评价报告

根据评价结果发布电网工程 ESG 评价报告，包括 1 份电网工程 ESG 评价评级总报告、1 份质量安全专项评价报告、1 份绿色低碳建设专项评价报告、1份产业队伍建设专项评价报告。这种"1+3"电网工程 ESG 评价报告范式引导相关单位在重视质量安全的同时，进一步加大对绿色电网建设及产业队伍发展的关注。"1+3"评价报告框架如图 3-5 所示。

报告框架

一、电网工程ESG表现总体评价

（介绍试点项目概况，阐述样本背景、ESG评级适配度、数据来源、数据概况等基本内容；针对项目主体进行整体ESG评级分析，通过圈定评级年度及数据范围，以多种图表形式呈现评级结果；完成宏观面的展示及分析。）

（一）项目简介

（二）ESG评级分析

二、电网工程ESG各维度表现分析

（展示试点工程各维度评级等级，文字概括其表现情况；分别从环境、社会和治理维度针对关键议题实践表现进行定性、定量的数据分析，展示雷达图等相应直观表现，并结合属地及项目特色进行指标表现分析。）

（一）E、S和G各维度表现展示

（二）E、S和G各维度二级指标实践表现

三、评级总结

（基于评价标准，综合性评定电网工程ESG评价体系在试点工程上的应用表现及特色化呈现效果，提供有效性分析结论。）

电网ESG评级雷达图示例

报告框架

一、试点电网工程质量安全ESG综合评价

（简要概括试点电网工程概况，基于工程管理类指标框架对项目主体进行局部ESG表现分析，以多种图表形式呈现评级结果；结合指标搭建环节的参考标准，如基建安全管理规范化达标评级标准等进行响应分析，综合性展示该指标类别的应用效果。）

（一）质量安全指标综合表现

（二）标准库响应情况

二、试点电网工程质量安全各指标表现分析

（展示试点电网工程在质量安全指标下的细分维度表现，文字概括其表现情况；对质量行为、建筑工程质量、电气安装质量、线路工程质量、安全事故事件、应急管理、作业安全等二级指标进行定性、定量角度分类，并分别汇总细分表现，辅以图表做直观展示。）

（一）定性指标

（二）定量指标

三、评级总结

（基于评价标准，综合性评定南方电网ESG评价体系中质量安全类指标在试点工程上的应用表现及特色化呈现效果，提供有效性分析结论。）

报告内容来源：

一、引用现有评价数据结果

- 基建现场综合检查评分
- 业主项目部考核评价
- 星级标杆基建业主项目部评价
- 基建安全管理规范化达标评级

优质工程专项评价
- 地基结构专项评价
- 新技术应用评价（科技创新部分）
- 整体工程质量评价

二、新增应急处置情况的评价内容

报告框架

一、试点电网工程绿色低碳ESG综合评价

（简要概括试点电网工程概况，基于绿色低碳类指标框架对项目主体进行局部ESG表现分析，以多种图表形式呈现评级效果；结合指标搭建环节的参考标准，如绿色电网建设评价标准等进行响应分析，综合性展示该指标类别的应用效果。）

（一）绿色低碳指标综合表现

（二）标准库响应情况

（三）四项评价报告内容（2项）

二、试点电网工程绿色低碳类各指标表现分析

（展示试点工程在绿色低碳指标下的细分维度表现，文字概括其表现情况；对能源利用、污染治理、减排管理等二级指标进行定性、定量角度分类，并分别汇总细分表现，辅以图表做直观展示。）

（一）定性指标

（二）定量指标

三、评级总结

（基于评价标准，综合性评定南方电网ESG评价体系中绿色低碳类指标在试点工程上的应用表现及特色化呈现效果、提供有效性分析结论。）

报告内容来源：

一、引用现有评价数据结果

- 绿色电网建设评价标准
- 基建现场综合检查

优质工程专项评价
- 绿色施工专项评价
- 新技术应用评价（绿色部分）

二、未来关注方向

逐步建立工程建设过程碳足迹核算标准，进一步明确设备材料、工艺方法、工器具选用等方面的碳足迹管理要求，将有关工作纳入评价

报告框架

一、试点电网工程产业队伍建设ESG综合评价

（简要概括试点电网工程概况，基于产业队伍建设类指标框架对项目主体进行局部ESG表现分析，以多种图表形式呈现评级结果；结合指标搭建环节的参考标准，综合性展示该指标类别的应用效果。）

（一）产业队伍建设指标综合表现

（二）标准库响应情况

二、试点电网工程产业队伍建设类各指标表现分析

（展示试点电网工程在产业工人权益及保障指标下的细分维度表现，文字概括其表现情况；结合优质工程新技术应用专项评价相关维度，对队伍建设、职业健康与安全、劳动保障等新增二级指标进行定性、定量角度分类，并分别汇总细分表现，辅以图表做直观展示。）

（一）定性指标

（二）定量指标

三、评级总结

（基于评价标准，综合性评定电网工程ESG评价体系中产业队伍建设类指标在试点工程上的应用表现及特色化呈现效果，提供有效性分析结论。）

报告内容来源：

通过问卷、访谈、舆情监测采集数据

一级	二级	三级
产业工人权益及保障	队伍建设	分包队伍建设
		自有队伍建设
		技工流动管理
		教育培训
	职业健康与安全	职业环境
		劳动者健康保障
	劳动保障	工作时间和休息休假
		合作方用工
		劳动者权益调查
优质工程专项评价	新技术应用评价（职工创新部分）	

图 3-5　"1+3"评价报告框架

3.3 推进 ESG 理念在基建领域落实落地

3.3.1 单项目 ESG 评价流程

单项目 ESG 评价流程主要包括策划、实施、总结三个阶段（具体工作根据工程实际进度及建设单位要求动态调整）。

（1）策划阶段。

1）前期需求分析。咨询单位与甲方单位进行初步沟通，全面了解工程项目的背景、内容、内部管理结构以及利益相关方的期望和需求等有关信息。

参与人员：甲方单位代表（一般为可持续发展部门、公关部门或高层管理人员）、咨询单位项目负责人、专家及分析师。

工作要求：明确甲方单位的基本需求和期望，建立沟通机制。

关键产出：咨询项目需求分析报告。

2）组建工作小组。咨询单位与甲方单位共同成立咨询项目工作小组，咨询单位主要负责 ESG 报告编制工作的推进，甲方单位负责协调配合。

参与人员：甲方单位内部员工代表（可能包括环境、社会和治理相关工作的代表员工）、咨询单位项目负责人及项目成员。

工作要求：咨询单位项目队伍专业能力及人员配置应满足项目需求，甲方单位人员应具有跨部门代表性，明确各小组成员的工作职责及流程。

关键产出：工作小组人员名单、工作小组内部管理方案。

3）制定咨询方案及项目计划。在咨询单位与甲方单位沟通确定报告编制目标的基础上，由咨询单位编制具体的项目咨询方案及项目工作计划，并对工作小组内甲方单位代表以及各参建单位进行报告编制目标及项目实施计划等有关内容的宣贯培训。

参与人员：甲方单位高层、甲方单位工作小组成员、各参建单位相关代表、咨询单位项目负责人及工作小组成员。

工作要求：在报告编制目标的基础上制定项目咨询方案，项目工作计划应详细、可行，包括各个阶段的里程碑和交付物，确保各参建单位工作小组内甲方单位代表以及各参建单位明确报告编制目标、项目实施计划等关键内容。

关键产出：项目咨询方案、项目工作计划、项目启动会议。

（2）实施阶段。

1）专项辅导宣贯。咨询单位专家开展工程 ESG 评价活动、工法、专利、科技创新应用等专项辅导，对甲方单位、参建单位等相关人员进行 ESG 理念及评价相关工作的全面宣贯工作。

参与人员：咨询单位专家、咨询工作小组、甲方单位与参建单位相关人员。

工作要求：宣贯的内容应涵盖 ESG 的关键概念、评价标准、实施步骤等，确保所有参与者都能获得必要的信息。

关键产出：ESG 理念及评价专项辅导宣贯。

2）工程策划指导。咨询单位在工程项目建设过程中对工程现场安全文明施工、档案管理、工程设计、施工亮点等内容提出策划及控制方案，指导各参建单位编制 ESG 评价及实施方案，指导设计单位修编绿色设计工作方案及计划。

参与人员：咨询单位邀请专家、咨询项目工作小组、各参建单位相关人员。

工作要求：策划方案与指导手册应紧密贴合施工项目实际需求。

关键产出：工程 ESG 策划方案、工程实施指导手册。

3）专家指导及外部交流支持。咨询单位以"请进来"与"走出去"两种方式为甲方单位提供专家指导及外部交流支持服务。其中，"请进来"指邀请专业技术咨询专家和全国资深专家分专业（建筑、电气、综合）对参建人员进行 ESG 评价的有关培训并对施工现场进行指导；"走出去"指配合、组织开展 ESG 评价项目各技术专业现场交流会，对电力行业标杆工程项目进行现场参观学习。

参与人员：甲方单位参建人员、咨询单位邀请专家、咨询单位项目负责人及工作小组成员。

工作要求：咨询单位需邀请具有丰富经验的 ESG 评价专家对甲方单位进行有针对性的培训与现场指导，并在交流活动后及时为甲方单位提出适合本工程的有关建议。

关键产出：资深专家培训及现场指导、标杆项目经验启示建议报告。

4）调研数据收集分析。咨询单位在工程建设过程中开展调研数据收集与分析，以问卷调研、访谈调研、数据分析等方式开展调研，并对收集到的信息与数据进行治理与分析。

参与人员：甲方单位相关人员、各参建单位相关人员、外部利益相关者、咨询项目工作小组。

工作要求：调研数据应准确、完整，符合报告标准的要求。

关键产出：调研问卷、调研数据、调研情况分析报告。

（3）总结阶段。

1）确定评价指标与模型。基于初步数据分析结果，结合在调研过程中与内部和外部利益相关者的沟通，对现有模型的指标内容及权重进行合理设计。

参与人员：咨询项目工作小组、甲方单位相关人员、外部利益相关者。

工作要求：指标内容与权重设计应反映项目的关键影响与风险，以及利益相关方的关注点。

关键产出：适用于本次项目的 ESG 评价模型。

2）编辑并发布电网工程 ESG 评价报告。咨询单位对调研信息及数据进行深入分析研究，编辑形成质量安全专项评价报告、绿色低碳建设专项评价报告、产业队伍建设专项评价报告。

参与人员：咨询单位项目组、甲方单位审阅人员。

工作要求：报告应结构清晰、内容完整、语言准确，符合报告标准和甲方单位的品牌形象。

关键产出：电网工程 ESG 评价报告、质量安全专项评价报告、绿色低碳建设专项评价报告、产业队伍建设专项评价报告。

3.3.2　建设单位/省级电网公司新型基建综合评价

管理评价是管理体系建设价值引导的关键核心，也是管理诊断的必备工具。公司通过建立一元、多维、分级的一体化基建管理考核评价机制，以单项目 ESG 评价为基础，开展业主项目部、建设单位以及省级电网公司 ESG 评价（其中单项目 ESG 评价、业主项目部 ESG 评价及建设单位 ESG 评价已以点带面开展试行），**由省级电网公司 ESG 评价有序迭代升级公司基建管理年度综合评价**，实现基建管理贯通职能管理与项目管理的整体画像，如图 3-6 所示。

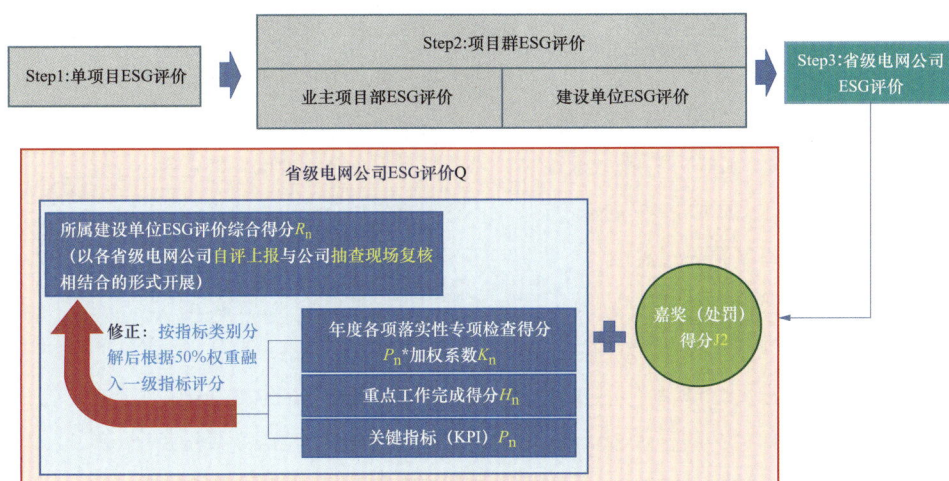

图 3-6　基建管理 ESG 一体化评价机制

针对省级电网公司 ESG 评价与建设单位 ESG 评价机制联动开展，融合网级年度专项督查检查、网级重点工作完成情况及嘉奖（处罚）项，形成省级电网公司 ESG 评价结果。

（1）评价内容。新型综合评价以环境、社会、治理三维度作为整体框架，各维度涵盖 ESG 现场综合检查，以及原有关键指标（KPI）、重点工作完成情况、过程管理、年度嘉奖与处罚五大类别评价，各细项按照指标分类分解到相应维度。评分结构如下：

新型综合评价总分=E 维度修正总分+S 维度修正总分+G 维度修正总分

式中：各维度修正总分=（ESG 现场综合检查评分×权重%+关键指标（KPI）评

价×权重%+重点工作完成情况评分×权重%+过程管理评价×权重%±年度嘉奖与处罚）**中属于各维度的得分。**

新型基建综合评价结构框架如表 3-5 所示。

表 3-5　　　　　　　　　　　新型基建综合评价结构框架

一级评分	二级评分	备注
E 环境维度（30%）	ESG 现场综合检查评价×权重%	折合百分制后按权重计入相应维度
	关键指标（KPI）评价×权重%	
	重点工作完成情况×权重%	
	过程管理评价×权重%	据本年实际开展情况调整，在过程管理评价中所占权重随每年综合评价方案确定，满分折合为 100 分
	年度嘉奖与处罚	不计权重累加至相应维度总分中
S 社会维度（40%）	ESG 现场综合检查评价×权重%	不计权重累加至相应维度总分中
	关键指标（KPI）评价×权重%	不计权重累加至相应维度总分中
	重点工作完成情况×权重%	不计权重累加至相应维度总分中
	过程管理评价×权重%	不计权重累加至相应维度总分中
	年度嘉奖与处罚	不计权重累加至相应维度总分中
G 治理维度（30%）	ESG 现场综合检查评价×权重%	不计权重累加至相应维度总分中
	关键指标（KPI）评价×权重%	不计权重累加至相应维度总分中
	重点工作完成情况×权重%	不计权重累加至相应维度总分中
	过程管理评价×权重%	不计权重累加至相应维度总分中
	年度嘉奖与处罚	不计权重累加至相应维度总分中

（2）ESG 现场综合检查评价方式。采用省级电网公司所属建设单位 ESG 评价综合得分，以各省级电网公司自评上报与公司抽查现场复核相结合的方式开展。公司输配电部每年底组织专家组开展一次综合性现场检查。专家从基建专家库抽取（涉及前沿指标内容邀请行业专家进行评价），按照回避原则开展检查。每次检查随机抽取省级电网公司业主项目部进行检查，原则上每个主网业主项目部要抽取 1 个在建工程现场、1 个已结算项目、1 个已归档项目进行检查。各分子公司应组织对业主项目部进行覆盖式全面检查评价，每年底上报现场综合检查自查结果，结合分子公司上报平均分及负偏差项数量计算新型基建现场综合检查评价得分。

（3）**评价结果应用场景**。在检查评价结果运用层面，评价总分达到各单位排名前 30%的评价结果为 A，其余为 B。如基建领域发生分子公司经营业绩考核红线事项，按要求不得评定为 A 级，或直接评定为 C 级。公司对评价结果（包括评分排名和存在问题）进行通报，并作为评先评优工作（如分配公司输配电工作先进单位、个人等荣誉项目名额，推荐参评上级荣誉项目等）的依据，同时作为基建领域对分子公司绩效考核评价的依据。

（4）**融合考核事项优化评价结果**。各考核事项分别为：①**针对重点工作完成情况**，依据公司印发的基建年度重点工作计划，对各分子公司重点工作完成情况进行评分；②**针对年度重点专项检查情况**，公司每年按计划开展日常安全专项检查及线上督查、工程领域整治专项督查等年度重点专项检查，从发现问题数量、类型、整改成效等方面对分子公司进行评分评价；③**针对关键指标（KPI）**，选取 5 项基建管理指标和 8 项基建操作指标进行考核，考核数据以 3、6、8、12 月电网管理平台（基建应用）数据为准。每项任务、专项、关键指标的详细内容依据 ESG 指标类别进行划分，按照权重算入三个维度中。

（5）**过渡方案设计**。为保障公司基建管理评价有序升级，公司设计省级电网公司 ESG 首年评价过渡方案，现场综合检查中各省级电网公司自评及网级现场核查复评评分标准暂沿用原评分标准执行，评分结束后统一根据 ESG 的评价指标类别明确指标映射关系，重新归类整合。单列 ESG 新增指标项评分，由第三方评价机构开展试点评价。关键指标（KPI）完成得分、重点任务完成情况评分及年度重点专项检查情况评分则按类别修正现场检查评分。

完成首年过渡评价后应及时总结完善评价机制及评分标准，次年则按电网工程 ESG 评价标准开展完整评价。

第 4 章

生态环境保护

4.1 资源消耗

"资源消耗"指自然系统与社会经济系统对资源的利用和消费，是衡量对自然资源的利用效率和消耗情况的指标。资源包括自然资源及其产品、地球生态系统提供的其他服务功能，是人类社会生存和发展的基础。随着科学技术的进步和工业建设的发展，人类活动对自然环境的影响日益显著，对资源的消耗量日益增加，石油、水、生物、土壤、矿石等资源的短缺问题已成为制约可持续发展的重大挑战。

1972 年，联合国在瑞典斯德哥尔摩召开了首次人类环境会议，标志着全球环境意识的觉醒。会议提出了"只有一个地球"的口号，呼吁各国采取行动，共同应对环境挑战。会议申明，为了这一代和将来的世世代代的利益，地球上的自然资源，其中包括空气、水、土地、植物和动物，特别是自然生态类中具有代表性的标本，必须通过周密计划或适当管理加以保护。在利用不可再生资源时，人类必须积极采取预防措施，规避未来可能面临的资源枯竭风险。

2022 年 9 月，习近平总书记主持召开中央全面深化改革委员会第二十七次会议，审议通过《关于全面加强资源节约工作的意见》并强调，要完整、准确、全面贯彻新发展理念，坚持把节约资源贯穿于经济社会发展全过程、各领域，推进资源总量管理、科学配置、全面节约、循环利用，提高能源、水、粮食、土地、矿产、原材料等资源利用效率，加快资源利用方式根本转变。

在建设工程全生命周期中，南方电网公司一直贯彻资源节约理念，主要关注能源利用、材料利用、土地利用、生物多样性、水资源利用五个关键议题。

4.1.1 能源利用

为响应国家对绿色节能的要求，减少对环境的影响，降低生产成本，南方电网公司不断引进先进的能源技术和设备，优化能源结构，提高能源利用效率，积极推进清洁能源使用。主要采取的措施包括但不限于以下几个方面：

- **提高建筑能效类**：优化建筑朝向、空间布局规划和遮阳设计，采取保温隔热、通风采光措施等；

- **提高主设备能效类**：优化变压器、并联电抗器选型和节能运行措施等；

- **降低辅助设备能耗类**：采用自动节能控制、分散控制、感应控制等电气管理措施，选用高效节能电器附件、优化工程通风、照明方式等；

- **能耗管理类**：加强施工运维期间的节能管理和能耗监测，确保能源利用的持续优化和效率提升等。

能源利用措施及典型案例如表 4-1 和图 4-1 所示。

表 4-1　　　　　　　　　　　　能源利用措施及典型案例

序号	措施	特征	典型案例
1	通风系统采用 EC 直流风机	降低通风系统能耗，能耗比传统的 AC 风机降低 15% 以上，此外还有噪声低、寿命长、控制精确、维护简便、稳定可靠、智能性高的优点	广州 110kV 新街变电站
2	光导无电照明系统	无需电力驱动，仅依靠自然光或人工光源实现照明效果，能耗低、寿命长、维护成本低，还能减少因停电引起的安全隐患和用电引起的火灾隐患	广州 110kV 猎桥（桥西）变电站
3	应用主动式智能照明技术	对站内各个照明场所实行统一管理，实现智能控制、自动报警、数据可视化、数据互联等功能，达到照明系统管理、智能监控、节能降耗的"三位一体"照明管理系统，节能率超过 75%，减少维护成本 20%	广州 500kV 科北变电站
4	生活热水采用热泵系统	利用少量的电能作为动力，热源来自空气中低品位热能，而且不存在爆炸、泄漏有毒气体、漏电的风险，所需费用低	广州 500kV 科北变电站
5	应用高性能保温隔热材料	减少太阳辐射热量进入配电装置楼，维持室内温度的稳定，降低建筑物夏季的室内负荷，从而减少因温度变化导致的能耗	广州 110kV 新街变电站
6	应用变频恒压供水系统	与传统的水塔、高位水箱、气压罐等供水方式比较，不论是投资、运行的经济性，还是系统的稳定性、可靠性、自动化程度等方面都具有优势，与传统供水方式相比变频恒压供水节能约 30%～60%	广州 110kV 新街变电站
7	优化建筑节能方案，严格控制体形系数	在总平面布置和建筑设计中考虑利用冬季日照、夏季自然通风，避开冬季主导风向，建筑物的平、立面尽量不采用过多的凹凸，控制建筑高度等措施优化设计，兼顾防火、防盗与美观、保温的要求	广西来宾 110kV 朝南变电站

图 4-1 广州 500kV 科北变电站无电照明系统户外安装及户内照明实景

4.1.2 材料利用

南方电网公司建设工程主要涉及电缆、电气设备、金属构件、混凝土以及辅助设施（电缆附件）等材料。科学合理地利用材料，不仅能有效控制工程成本，还能提升工程质量，促进资源节约和环境保护。公司从设计、施工、管理等多个方面入手，通过合理选材、优化设计方案、提高施工技术水平、加强材料使用管理等来降低工程的材料消耗强度，并加强循环利用，以减少对新资源的需求。南方电网公司积极响应《"十四五"建筑业发展规划》中提出的"大力推广应用装配式建筑"要求，将装配式技术应用于电网建设。在材料利用方面主要采取的措施包括但不限于以下几个方面：

• **降低施工损耗类**：优化加工配送、耐久性保障、一体化施工、损耗率控制、材料堆放管理以及电缆敷设路径规划等。

• **选型优化类**：按南方电网公司物资品类优化成果选用设备和材料，选型采用环保产品。采用耐久性好、易维护的外立面材料和室内装饰装修材料；在保证性能的前提下，鼓励使用以废弃物为原料生产的或可再利用的建筑材料；设备安装在有条件情况下尽量采用无焊接安装，降低现场安装工作量。

• **布置优化类**：包括优化地基基础、结构体系及构件截面设计，优化户内配电装置室层高和宽度；优化设备的布局和排列提高设备集成度；科学合理规划输电路径、设置变电站、缩短供电距离等。

53

- **循环利用类**：制定并实施施工废弃物减量化、资源化计划。

材料利用措施及典型案例如表 4-2 和图 4-2 所示。

表 4-2 　　　　　　　　　材料利用措施及典型案例

序号	措施	特　征	典型案例
1	优化二次设备的组柜及布置	二次设备和通信设备统一布置在主控室，便于运维的同时有效减少了 15% 的电缆长度，降低工程成本，减少材料消耗	广州 110kV 嘉业变电站
2	应用预制装配式技术	采用装配式钢结构技术、压型钢板底模、预制电缆穿墙排管、预制电缆沟等装配式技术，全站建筑面积装配率约 50%。具有施工速度快、现场湿作业少、机械化程度高、促进标准化生产等优点，缩短建设工期约 2 个月	广州 500kV 科北变电站、广州 110kV 猎桥（桥西）变电站、云南玉溪供电局红塔巡维中心项目
3	引入预制式变电站建设模式	通过系统集成技术，将各类系统融合于预制舱整体设计中，并在工厂预制阶段完成设备各类系统的集成，各模块现场即插即用，最大化减少现场工作量。实现了"零叠装、零涂刷、零焊接、少湿作业"的绿色建造模式，不仅实现材料节约，还有效减少现场污水排放、噪声污染、光污染等常见的污染问题，为周边社区、居民和生态环境带来了显著的益处	广东佛山 110kV 新隆站主变增容
4	给排水管道采用环保型管材	具有材质轻、强度好、耐腐蚀、使用寿命长等特点，此外还具备无毒、不生锈、不结垢、耐热、防冻、保温、废料可以回收利用等优点	普遍应用
5	施工现场采用环保产品或低损耗技术	新建临时办公和生活用房采用多层轻钢活动板房等可重复利用的材料；应用专业化生产的成型钢筋或现场进行专业化加工降低钢筋损耗率	普遍应用

图 4-2　广州 500kV 科北变电站工程预制装配式外墙板和电缆沟

4.1.3 土地利用

电网设施的建设会直接占用一定数量的土地资源，减少农田、林地或自然保留地的面积，不仅会影响土地的直接生产功能，还可能对当地社区的景观和生态环境造成负面影响。工程建设往往还需要对周边土地进行一定的改造，如清理植被、平整土地、铺设道路等，可能会破坏原有土地的生态结构和功能，影响土壤质量和水文循环，进而对土地资源的可持续利用产生负面影响。

为此，南方电网公司发布了《中国南方电网有限责任公司电力基建项目前期管理办法》，明确规定电力基建项目前期工作应认真贯彻国家土地调控、环境保护、水土保持、资源节约等政策，要求项目严格满足当地土地使用规划相关法律法规、开工前办理土地利用总体规划调整等。公司坚持节约集约土地资源、严格保护耕地的原则，要求在满足安全可靠、技术先进、运行维护便利的前提下，变电站配电装置要规划合理、布置紧凑，同等规模下各电压等级区域的占地面积不超过最新版《南方电网公司标准设计》相应模块的占地面积。主要采取的措施包括但不限于以下几个方面：

• **选址选线优化类**：避免占用基本农田、历史文物古迹、风景区、水源保护区、矿产资源地、湿地、森林及自然保护区等敏感区域，规避地质灾害等高风险地带，鼓励利用山地荒地等非耕地资源、农林业生产难以利用的土地或城市废弃地建设，以及合理开发可再生地和地下空间等；

• **内部布置优化类**：优化工程配电装置的布置布局和设备安装方式，采用一体化布局等措施提高整体布局效率；

• **周边占地优化类**：临时占用土地复垦，保证耕地占补平衡，受污染土地的治理达到国家现行有关标准的环保要求，优化施工道路布置、新建进站道路设计，尽量利用已有的道路或路基，施工主干道路采取硬底化措施，并做到与沿线企业，商业或居民共同应用。

土地利用措施及典型案例如表 4-3 和图 4-3、图 4-4 所示。

表 4-3 土地利用措施及典型案例

序号	措施	特　征	典型案例
1	选址选线阶段充分考虑节约用地，合理开发可再生用地	充分利用农民撂荒地，将变电站设置在农村荒地中，不占用基本耕地，将临时占地需求纳入征地范畴之内，优先利用荒地、劣地，节约土地资源，减轻对自然植被的破坏，解决土地资源稀缺、征地难、青赔难等问题	广西来宾 110kV 朝南变电站、广西柳州 110kV 尚琴变电站
2	与企业联合建设，将属于工业设施的变电站与生活功能的城市设施相融合	深圳供电局有效复合利用城市空间，将变电站嵌入平安财险大厦或建设在地铁正上方并附着到商业体内，既满足超级城市综合体的总体规划部署，又解决土地资源稀缺问题，提高了土地利用率	深圳 110kV 秋悦变电站、深圳 110kV 红树湾二变电站
3	变电站采用户内 GIS 设计，节约站址面积	采用室内布置 GIS 设备的方式，可以有效减少占地面积，虽然前期建设成本可能略高于户外 GIS 布置方案，但后期维护费用低，能够有效解决户外运行的 GIS 设备锈蚀严重、零部件故障率高等问题，减少检修维护次数，符合"资源节约型、环境友好型"变电站建设理念	广西南宁 220kV 远洋变电站、云南玉溪 220kV 寒武变电站、深圳 110kV 上沙变电站
4	采用同塔多回的设计理念，优化塔的结构和功能	在安全可靠前提下，利用一座铁塔支持多回线路，避免了传统单塔单回路模式下，重复建设大量塔基和基础设施所必需的额外空间，有效减少对土地资源的占用和对植被的破坏	深圳 500kV 中西部受电通道工程（崇文至紫荆线路）、云南 500kV 楚雄北部光伏接入系统工程（500kV 光辉变电站）

图 4-3　深圳 110kV 秋悦变电站和 110kV 红树湾二变电站全景

4.1.4　生物多样性

建设工程项目在占用土地之余，会直接或间接地影响生物多样性。土地的开挖、填筑、道路铺设等活动会直接改变原有地形地貌，破坏植被覆盖，导致

图 4-4　深圳 500kV 中西部受电通道工程（崇文至紫荆线路）同塔多回线路塔

许多植物无法继续生存，进而影响依赖这些植被生存的动物种群。这种物理性的破坏会直接减少区域内的物种多样性。工程建设还可能通过改变水文循环、土壤质量、光照条件等环境因素，对生物多样性产生间接影响。例如，抽水蓄能电站的建设会改变下游河流的流量和季节性变化，影响水生生物的繁殖和迁徙；架空线路的建设可能会影响鸟类的迁徙路径，导致种群隔离和基因交流受阻，长期下来可能影响物种的遗传多样性。南方电网公司建设工程在满足用电需求的同时，最大限度地保留自然生态空间，促进生物多样性的维持与提升。主要采取的措施包括但不限于以下方面：

- **生物多样性管理：** 项目在规划阶段开展生物多样性影响评估，尽量避开生态敏感区域，在生态敏感地区做出生物多样性保护承诺，为生物多样性保护制定相应的政策、制度；

- **生物多样性保护行动：** 实施生态修复与补偿措施等保护当地生物多样性的行动，以实现工程建设与环境保护的和谐共生，降低对自然环境带来的负面影响。

典型案例：广东惠州 110kV 港口变电站给予海龟 26℃的电力守护

在南海之滨的大星山南麓，坐落着广东惠东海龟国家级自然保护区，这里的环境得天独厚，拥有松散软沙、舒适气候，自古是海龟的产卵地，被当地人亲切地称为"海龟湾"。这里也是中国唯一一个海龟自然保护区，是中国大陆海岸线上海龟的"最后一张产床"。保护区的海龟养殖池水温必须常年控制在

26℃左右以促进海龟繁殖，虽然当时保护区已实现设备电气化，但随着旅游业发展，酒店民宿用电量增大，跨海部分线路高负荷现象十分突出。

广东惠州惠东供电局平海供电所运维人员详细了解海龟繁育相关的用电设备运行情况后，提供运维指导意见，积极响应保护区诉求，完善港口片区电网架构，投产 110kV 港口变电站，新出 4 回 110kV 线路，大大缩短了供电半径，同时完成线路自动化、防雷改造等项目，为海龟保护织密电力"防护网"。惠州惠东供电局还成立党员服务队，以"人巡+机巡"的模式开展日常线路巡视，时常走进保护区，对电气化设备进行全面检查，发现并及时消除安全隐患，默默守护海龟"产床"。

为加强生态文明建设，倡导绿色价值理念，保护生物多样性，履行央企社会责任，南方电网公司在 2023 年的国际生物多样性日（5 月 22 日）推出生物多样性保护主题剧情片《"龟"心似箭》，根据南方电网员工彭志康救助海龟的真实经历改编，讲述一个普通人对野生动物的善意，并通过本职工作支持生物多样性保护的故事，展现人与动物和谐共生的发展理念。来自惠州供电局的志愿者还与周边群众一起清理近岸海洋垃圾，守护海龟栖息之所（如图 4-5 所示）。

图 4-5　广东惠州 110kV 港口变电站守护海龟家园

4.1.5 水资源利用

大规模的土方开挖和填筑会改变地表形态，影响地表径流和地下水的自然流动路径，可能导致局部地区的水资源减少或水质恶化。施工过程中产生的废水、废渣若处理不当，会直接排入水体，造成水体污染，影响水生生物的生存环境和人类的饮用水安全。一些工程建设还会改变区域气候，如大型水库的建设可能引发库区气候的微妙变化，间接影响降水分布和水资源的可利用性。南方电网公司在工程建设规划中，充分考虑对水资源的影响，采取科学合理的措施，如加强施工管理、优化设计方案、实施生态修复等，以减少对水资源的不利影响，保障水资源的可持续利用。主要采取的措施包括但不限于以下方面：

- **节水方案措施类**：包括从管网维护、绿化灌溉到施工用水及生活用水的全方位节水策略。如采取有效措施预防并减少管网漏损；在绿化灌溉中采用节水灌溉技术，合理选定用水定额等。

- **节水设备选用类**：提升用水效率与节水技术的应用，如采用变频、叠压等节能型设备；设置用水计量装置以精确监控用水量；选用用水效率等级高的卫生器具等。

- **节水效能提升类**：包括提高非传统水源的利用率和再利用率，可再生能源在热水供应中的应用程度等。

水资源利用措施及典型案例如表 4-4 和图 4-6、图 4-7 所示。

表 4-4 水资源利用措施及典型案例

序号	措施	特　征	典型案例
1	收集废水循环利用	施工现场设置了简易的沉淀池，对沙石料冲洗和混凝土养护等排放的废水进行沉淀后用作喷洒降尘用水；变电站设置一处生活生产区，施工人员产生的生活污水集中收集后统一清理，不外排	广西柳州 110kV 尚琴变电站
2	收集雨水循环利用	采用雨水回收装置，收集站区内雨水，经过沉淀、存储后再次用于站区内的绿化养护	广西南宁 220kV 远洋变电站

序号	措施	特 征	典型案例
3	收集利用地下水、基坑降水	地下室建立地下水、基坑降排水循环系统，经沉淀后抽至基坑截水沟后流至蓄水池，用于项目车辆冲洗、场地降尘	云南玉溪供电局红塔巡维中心
4	示范应用海绵城市技术	利用植草沟、雨水花园、下凹绿地等"绿色"措施来组织排水；通过竖向设计完成周边区域径流引流，加强路面积水、雨水的存储能力；利用雨水回用系统收集雨水，通过处理后用于场地绿化灌溉和道路清洗等。通过这些绿色生态措施收集、滞留、净化、渗透雨水径流，有效减少内涝，并削减进入市政管道和水体的雨水量及污染物，节省了雨水管道等传统基础设施的投资	广西北海 220kV 孙东变电站、广州 500kV 科北变电站、云南玉溪供电局红塔巡维中心

图 4-6　云南玉溪红塔巡维中心小基项目收集利用地下水、基坑降水实景

图 4-7　广州 500kV 科北变电站场地下沉式绿地实景

4.2　污染防治

2021 年 11 月，中共中央国务院发布了《关于深入打好污染防治攻坚战的

意见》，在加快推动绿色低碳发展，深入打好蓝天、碧水、净土保卫战等方面作出具体部署。意见明确提出到 2025 年生态环境持续改善，重污染天气、城市黑臭水体基本消除，土壤污染风险得到有效管控。到 2035 年广泛形成绿色生产生活方式形成，碳排放达峰后稳中有降，生态环境根本好转，美丽中国建设目标基本实现。良好生态环境是实现中华民族永续发展的内在要求，是增进民生福祉的优先领域，是建设美丽中国的重要基础。党的十八大以来，以习近平同志为核心的党中央全面加强对生态文明建设和生态环境保护的领导，开展了一系列根本性、开创性、长远性工作，推动污染防治的措施之实、力度之大、成效之显著前所未有，污染防治攻坚战阶段性目标任务圆满完成，生态环境明显改善，人民群众获得感显著增强，厚植了全面建成小康社会的绿色底色和质量成色。

电力工程建设行业不可避免地会产生一系列环境污染问题：各类机械设备如发电机、变压器、运输车辆等产生的噪声污染；施工过程中的扬尘、废气排放、焊接切割释放有害气体引起的空气污染；施工废水、生活污水以及可能发生的油料泄漏引起的水体污染；废弃物堆放、油料泄漏以及化学药品的使用造成的土壤污染；变电站、输电线路等电力设施在运行过程中产生的辐射污染等。这些问题不仅影响生态环境，还可能对公众健康和社会经济造成长远的不利影响。为了推动建设美丽中国，南方电网公司引导建设工程关注"污染防治"核心议题，即采用过程、惯例、技术、材料、产品、服务或能源来避免、减少或控制所有类型的污染物或废物的产生、排放或废弃，降低有害的环境影响，涉及废水、废气、固体废物、其他污染物的源头消减或消除、再利用、再循环、再生，主要关注工程在电磁与噪声、环保水保、固体废物等方面的环保措施与成效。

4.2.1 电磁与噪声

电力设施如变电站、高压输电线路等在运行过程中会产生电磁辐射，在特定条件下或敏感区域内，可能对周边居民的健康和电子设备造成潜在影响，必须采取措施尽量降低辐射水平。噪声污染主要来源于设备运行、施工机械作业等，这些噪声不仅干扰居民的正常生活，还可能对动物行为、生态系统造成一定影响。大型电力设备如发电机、变压器等在运行时会产生震动，若未采取有效减震措施，长期积累可能对设备本身及建筑结构造成损害，也可能通过地面传播至周边区域，影响居民的生活环境。同时，光污染也是电力工程建设中不可忽视的问题之一，尤其是夜间照明和某些特殊设备（如变电站的指示灯）发出的强光，可能扰乱生物的自然节律，影响睡眠和繁殖行为，同时也可能构成对夜空景观的破坏。随着电网建设不断提速，部分变电所和高压线路已深入到负荷中心，工程周边居民对电力设施的电磁及噪声污染十分关注。为了有效消除或减少这些污染，南方电网公司在工程建设中采取了一系列措施。主要采取的措施包括但不限于以下方面：

- **降低电磁强度类**：采取措施保证工程的电场强度符合设计要求；

- **减轻噪声及震动类**：包括主要设备（如变电站的主变压器、并联电抗器）的噪声与震动控制措施及其效果评价；

- **光污染类**：工程是否合理运用自然采光，采取防眩光措施等。

电磁与噪声防治措施及典型案例如表 4-5 和图 4-8 所示。

表 4-5 电磁与噪声防治措施及典型案例

序号	措施	特 征	典型案例
1	采用低噪声主变压器及相关主动降噪措施	主变室布置吸声体和低频加强吸声墙，超隔声门，进风和排风采用矩阵式消声器，提升变电站公共空间品质，解决邻避效应，实现建设"超静音"变电站	广州 110kV 猎桥（桥西）变电站工程
2	采用节能降噪金具，设定严格噪声控制标准	采用低噪声的电气设备附件，减少整个施工过程的噪声污染。安装设备时提出严格的噪声控制标准，控制连续噪声等级，减轻对值班人员和附近居民的噪声危害	深圳 500kV 中西部受电通道工程（崇文至紫荆线路）、广西来宾 110kV 朝南变电站工程
3	合理布置施工场地，降低施工活动对周边影响	施工活动尽量控制在围墙内进行，车辆路过居民点控制车速和鸣笛，施工期间避免发生施工噪声扰民投诉现象	广西柳州 110kV 尚琴变电站、云南玉溪供电局红塔巡维中心
4	环境污染在线实时监测管控	作业区域内安装环境监测装置，实时、精确监测施工过程中的空气质量、噪声等关键参数，确保污染得到有效控制	云南玉溪 220kV 寒武输变电工程

图 4-8　广州 110kV 猎桥（桥西）变电站矩阵式消声器和低频加强吸声墙

4.2.2　环保水保

设计、施工单位必须严格遵守国家及地方关于环境保护和水土保持的法律法规，将绿色设计、绿色施工的理念贯穿于项目设计、施工、运营及后期恢复的全生命周期之中。主要采取的措施包括但不限于以下几个方面：

- **影响评估及检验备案类：**南方电网公司要求 110kV 以上电网建设工程可能造成重大环境影响的，应当编制环境影响报告书，对产生的环境影响进行全面评价；可能造成轻度环境影响的，应当编制环境影响报告表，对产生的环境影响进行分析或者专项评价；对环境影响很小、不需要进行环境影响评价的，应当填报环境影响登记表。关注环境影响评价结果，环保水保相关的检测和备案资料。

- **水土保持措施类：**编制水土保持方案，采取措施保证工程的绿地率、裸露场地的覆盖保护，如边坡稳定工程、植被恢复、临时防护措施等。合理安排作业时间，避免在敏感时段（如雨季、大风天）进行高污染、高风险作业，减少对生态环境的冲击。

- **废水管理措施类：**生活污水及含油废水处理妥当，保持周边环境整洁，设置环保设施，并做好相关文件的备案。

环保水保措施及典型案例如表 4-6 和图 4-9 所示。

表 4-6 环保水保措施及典型案例

序号	措施	特　征	典型案例
1	采用一体化污水处理设备处理变电站生活污、废水	通过一体化处理系统对站内生活污、废水进行处理、消毒后排水至回用水箱，可用于洗车和施工场地除尘，或直接排至雨水收集系统。实现变电站污水零排放，节省临时排污管网投资	广州 500kV 科北变电站工程
2	分区种植适宜植被，施工场地全面覆盖环保绿网	在塔基周围不同区域种植适宜当地气候和土壤条件的植物，不仅有助于防止水土流失，提高土地的抗旱能力，也为当地生物提供了良好的生存环境。环保绿网除了防止土壤流失，还通过其特有的材质和结构实现隔声降噪的效果，减少对周边环境的噪声干扰	深圳 500kV 中西部受电通道工程（崇文至紫荆线路）
3	妥善处理特殊废水，回收利用变压器油	设置集油池，变压器下铺卵石层，四周设有排油槽并与集油池相连，一旦排油或漏油，所有的油水将渗过卵石层并通过排油槽到达集油池，然后经过真空净油机将油进行净化处理，除去水分和杂质，全部回收利用，剩余的废油渣和含油废水由国家许可的危险废物收集部门进行处理	广西来宾 110kV 朝南变电站

图 4-9　广西来宾 110kV 朝南变电站工程回填区域复绿措施

4.2.3　固体废物

工程建设过程中产生的固体废物种类繁多，主要包括生活垃圾、拆迁房屋后的砖石、废弃的建筑材料（如金属、塑料、包装袋等）、施工剩余的原材料以及施工过程中产生的其他废弃物。这些固体废物若不及时妥善处置，不仅会对环境造成污染，影响生态平衡，还可能引发疾病，危害人类健康。例如，拆迁房屋后的砖石和废弃的建筑材料若随意堆放，会占用土地资源，并可能因风吹雨淋而进一步破坏土壤和植被；而生活垃圾若处理不当，则可能滋生蚊虫，传播疾病。南方电网公司高度重视固体废物的分类、收集与处置工作。通过采取科学合理的处理措施，如尽量采用无害设备材料、采取污染控制措施保证排放合规、将有害废物交由具备资质的单位进行专业处理等，有效减少固体废物对环境的负面影响，从而实现电网工程建设的绿色、可持续发展。主要采取的措施包括但不限于以下方面：

- **采用无害设备材料类**：变电站的接地方案不使用含有重金属或其他有毒成分的化学降阻剂；防火封堵采用无毒、不对电缆产生腐蚀和损害的防火封堵材料；地下变电站采用低烟无卤阻燃型的电力电缆；空调设备采用环保冷媒，满足绿色环保的要求；钢管柱构（支）架、房屋钢结构采用冷喷锌防腐等。

- **废弃物处理类**：危险废物处置需符合国家现行有关标准的规定。施工现场建筑垃圾进行分类处理，并收集到现场封闭式垃圾站，不能利用的及时运出；施工现场生活垃圾设置封闭式垃圾容器，实行袋装化，并及时清运；回收有毒有害废弃物，交给有资质的单位处理。

- **施工污染控制类**：施工过程中采取洒水、覆盖、遮挡等降尘措施，保证施工现场噪声排放、污水排放、建材放射性、光污染、室内环境污染控制等均满足国家标准要求，不发生因环境污染引起的合理投诉。

固体废物减少措施及典型案例如表 4-7 和图 4-10、图 4-11 所示。

表 4-7　　　　　　　　　　　　固体废物减少措施及典型案例

序号	措施	特征	典型案例
1	应用新型接地材料，减排减霾	在难以有效降低土壤电阻率的区域采用柔性石墨接地装置，取代镀锌圆钢等金属类接地材料，既施工方便，又有助于减排减霾，实现良好的社会效益	广西百色田林潞城风电场项目 220kV 送出工程
2	施工区设置钢板围挡，主要道路场地硬化处理并配置抑尘措施	施工现场的车辆出入口、场内主要道路和物料堆放地进行硬化，并辅以喷淋、洒水、冲洗等，对其他裸露场地进行覆盖，有效抑制扬尘产生；运输车辆均加盖篷布防止洒落，在围挡范围内匀速低速行驶，易起扬尘作业面每天洒水降尘，临时堆放点采用密目网遮盖，大风天减少挖填作业	云南玉溪 220kV 寒武输变电工程、广西南宁 220kV 远洋变电站、广西柳州 110kV 尚琴变电站

图 4-10　广西田林潞城风电场项目 220kV

送出工程柔性石墨接地装置

图 4-11　广西柳州 110kV 尚琴变电站施工扬尘管理

4.3　气候变化

气候变化即气候状态在长时间（通常是几十年或更长时间）持续的改变，改变既有气候系统内部的原因，也有外部的原因（如自然的变化或人类对自然资源的持续耗用），可以通过统计测试等手段来确定（如平均值、变化量等）。当前气候变化已成为全球可持续发展面临的最为严峻的挑战之一。根据政府间气候变化专门委员会（IPCC）第四次评估报告，按行业估算的 2030 年 CO_2 减缓潜力中，不管是发达国家，还是发展中国家，建筑领域的减缓潜力最大，且建筑领域减排的经济性最高：同样 20 美元/t 的投入，建筑领域的潜力是交通领域的 3 倍。建筑行业是我国能源消耗和碳排放的主要领域之一，加快推动建筑领域节能降碳，对实现碳达峰碳中和、推动高质量发展意义重大。

2022 年 3 月，住建部印发《"十四五"建筑节能与绿色建筑发展规划》（以下简称《发展规划》），部署提升绿色建筑发展质量、提高新建建筑节能水平、加强既有建筑节能绿色改造、推动可再生能源应用、实施建筑电气化工程、推广新型绿色建造方式、促进绿色建材推广应用、推进区域建筑能源协同、推动绿色城市建设等 9 项重点任务。《发展规划》要求充分发挥电力在建筑终端消费清洁性、可获得性、便利性等优势，开展新建公共建筑全电气化设计试点示范。鼓励建设以"光储直柔"为特征的新型建筑电力系统，发展柔性用电建筑。2024 年 3 月，国家发展改革委、住房城乡建设部印发《加快推动建筑领域节能降碳工作方案》，强调加快推动建筑领域节能降碳，要以习近平新时代中国特色社会主义思想为指导，深入贯彻党的二十大精神，全面贯彻习近平生态文明思想，完整、准确、全面贯彻新发展理念。南方电网公司积极践行"双碳"战略，着力推动高质量发展，坚持节约优先、问题导向、系统观念，以碳达峰碳中和工作为引领，持续提高建设工程能源利用效率，加快提升绿色低碳发展质量。

4.3.1 节约减排

南方电网公司按照"统筹管理、专业分工、分级负责、分类管理"的原则，主动开展碳盘查工作，识别温室气体来源类型，建立健全公司—项目层面的温室气体排放组织管理、统计、监测、盘查、报告、披露、考核奖惩体系，推动实现指标统计信息化和在线监测，建立健全温室气体排放制度，在工程建设及运营过程中，公司在减少温室气体排放方面做出了多方面的努力。主要采取的措施包括但不限于以下方面：

- **节能措施**：关注建筑物是否有降低设备耗能的措施，建筑物是否有气候适应性和韧性；
- **绿色设计**：主要关注工程设计是否体现绿色可持续建筑理念；
- **绿色施工**：评价节能减排的管理和技术措施是否符合要求并已落实；

● **碳足迹管理**：关注 SF_6 气体泄漏率、CO_2 浓度等。

节约减排措施及典型案例如表 4-8 和图 4-12 所示。

表 4-8   节约减排措施及典型案例

序号	措施	特　征	典型案例
1	SF_6 气体回收再利用技术	电力设备（如 GIS）需要维护或退役时，SF_6 气体首先从设备中被收集出来，收集到的 SF_6 气体通过专用的回收、净化、检测装置后，被重新填充到电力设备中，实现循环利用。本技术不仅降低了建设成本，提高了操作安全性，同时有效地减少了工程全周期的温室气体排放量。公司未来将建立全网统一的 SF_6 回收再利用平台，开展废旧物资绿色回收与延寿技术利用，实现产品绿色全生命周期管理	云南500kV楚雄北部光伏接入系统工程（500kV光辉变电站）
2	SF_6 气体替代技术	为减少 SF_6 这种强效温室气体的使用，南方电网公司研发了国内首台含氟烯烃环保气体绝缘电气设备，这种新型环保绝缘气体的温室效应远低于 SF_6，有助于降低温室气体排放	已通过技术验证，未来将推广应用

图 4-12　云南楚雄 500kV 光辉变电站及线路通道实景

4.3.2　清洁能源使用

积极推进清洁能源消纳，提升能源的综合利用效率，通过建设近零碳示范区等方式来降低温室气体排放。致力于加快绿色低碳转型，通过推广应用绿色低碳技术、建立绿色低碳电网建设标准等方式提升电网能效，减少项目全生命周期碳排放。积极参与环保公益活动，如项目周边垃圾清理、植树造林等。主要采取的措施包括但不限于以下方面：

● **使用清洁运维能源、施工能源：** 施工现场根据当地气候和自然资源条件，重点关注太阳能、风能等可再生能源在照明系统中的应用，或为照明等生产辅助性负荷提供电能。

清洁能源使用措施及典型案例如表 4-9 和图 4-13 所示。

表 4-9　　　　　　　　　　　清洁能源使用措施及典型案例

序号	措施	特　征	典型案例
1	分布式光伏发电模块完整接入站用电系统	太阳能清洁低碳可再生，充分利用变电站闲置用地建立光伏发电模块，实现变电站绿色节能，降低建设和运行成本	广州 110kV 新街变电站、广州 110kV 猎桥（桥西）变电站
2	大力推广风电、水电、太阳能等清洁能源使用	清洁能源具有环保性、可再生性、经济性等优点，能够显著降低温室气体排放，在生成和使用过程中不会或很少产生污染物，实现能源可持续发展	广西百色田林潞城风电场项目 220kV 送出工程

图 4-13　广州 110kV 猎桥变电站屋顶光伏板布置

第 5 章

履行社会责任

5.1 产业工人权益及保障

近年来，我国在产业工人队伍的建设方面取得了显著进展，庞大的 2 亿产业工人群体为国家的经济发展贡献了不可或缺的力量。然而，在这一积极态势之下，也浮现出一系列亟待解决的关键问题。例如，技术工人的短缺现象，尤其是高技能人才的匮乏，成为了制约产业升级的重要因素。此外，产业工人的职业发展路径受限，以及日益凸显的老龄化问题，都是当前产业发展面临的挑战。

党的二十大以来，中共中央就持续深化产业工人队伍建设改革陆续出台了一系列顶层政策，为产业工人队伍权益保障明确了方向。2024 年 9 月 25 日，中共中央国务院发布的《关于实施就业优先战略促进高质量充分就业的意见》提出，推动实现劳动者工作稳定、收入合理、保障可靠、职业安全等，健全终身职业技能培训制度，不断增强广大劳动者获得感幸福感安全感。

南方电网公司在今年的高质量发展大会中提出，要加快培育和发展新质生产力，坚定不移沿着高质量发展的轨道阔步前进；深刻认识发展新质生产力是破解高质量发展突出矛盾问题的根本路径；牢牢把握人才这个第一资源，为发展新质生产力汇聚强大支撑；完善人才发展体制机制，拓展人才供给渠道。一直以来，公司建设工程致力于推动产业工人队伍整体素质提升，扭转队伍老龄化趋势，着力解决产业工人最关心、最直接、最现实的切身问题，瞄准人民群众关注的焦点难题。比如公司输配电部开展的"安薪行动"专项工作，推动欠薪预控数字化、信息化建设来强化输配电领域农民工工资管理。此外，还有劳动保障、职业健康、安全和队伍建设三个方面的各种措施。

5.1.1 劳动保障

劳动保障指项目方尊重并保护产业工人的合法权益，为他们提供公平、健康和安全的工作环境以及合理的福利待遇。具体措施包括但不限于以下方面：

- **合作方用工监管类**：监督检查施工单位人员实名制管理、劳务人员薪酬发放情况，严防承包商发生欠薪；

- **劳动者权益调查类**：重视产业工人对项目管理的满意度，鼓励项目采用问卷进行满意度调查，并督促形成闭环改进机制；

- **工作时长保障类**：重视产业工人工作时长，并保障其享受合理的休息时间。

典型案例 1：贵州送变电公司实行劳务工资代付制度确保工资到位

为确保农民工合法权益，贵州送变电公司分包队伍劳务人员工资全部实行由公司每月直接打卡代付。开工前，公司和分包单位签订农民工工资委托代发协议，通过"动态实名制管理系统"对分包队伍劳务人员进行管理（该系统包含农民工姓名、性别、身份证号、电子照片、工种、考勤、工资支付等信息（如图 5-1 所示））。进场后，所有劳务人员每天在"实名制认证"App 上打卡考勤，考勤数据含有时间、地点、定位等并确保其真实性。每个月工资发放时，公司根据系统数据，统计出勤，核算工资，直接将工资打入劳务人员卡上。劳务工资代付从制度上避免了分包单位拖欠农民工工资的现象，保障了产业工人及时、足额领取劳动报酬的合法权利。

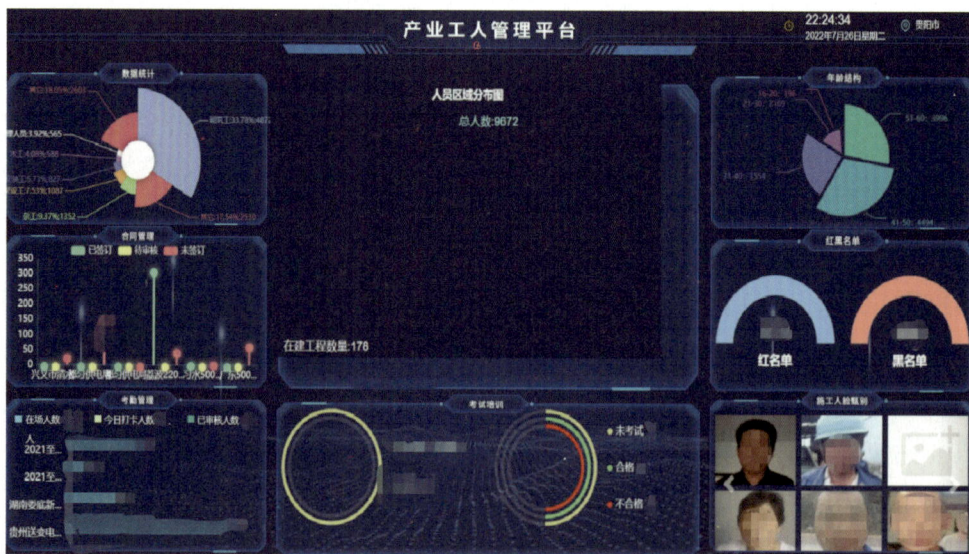

图 5-1　动态实名制管理系统

典型案例 2：贵州电网公司建设"电网建设者之家"

贵州电网公司按照"一县一家"的原则建设"电网建设者之家"（如图 5-2 所示），计划实现全省县（区）域全覆盖。一方面，"电网建设者之家"的运营不以盈利为目的，满足"五有"配置标准（即有食堂、宿舍、卫生间、淋浴室、公共及文体活动设施），达到"三具备"条件（即具备用餐、休息、公共及文体活动条件），让工人可以拎包入住；另一方面，按照"公平对待、一视同仁"的原则，让电网建设业主、监理、承包商、分包商等人员（含新产业工人）共用同一标准的设施。"电网建设者之家"的设立体现了对产业工人权益保护的坚定承诺，着重为产业工人解难题、做实事、办好事，将产业工人生活驻地建设得温暖、健康、和谐，推动建设工程的高质量发展。

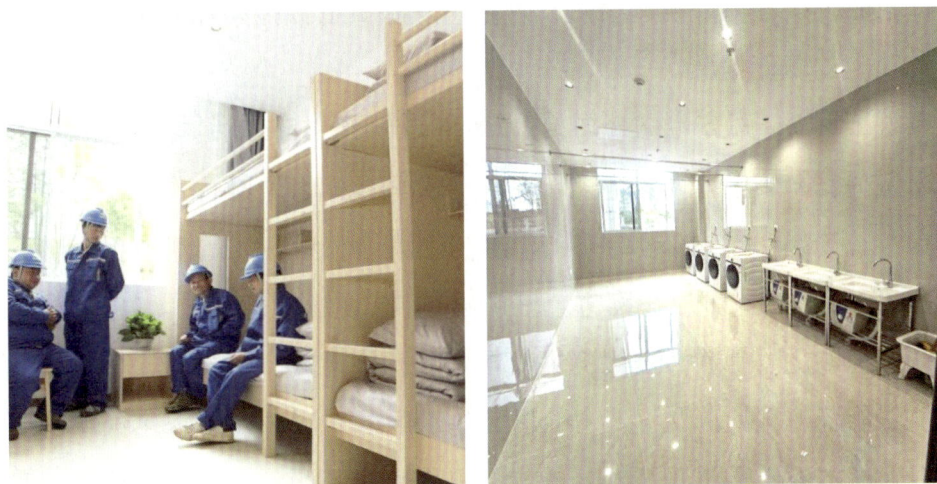

图 5-2　"电网建设者之家"掠影

5.1.2　职业健康与安全

职业健康与安全指标主要关注工程在保障产业工人安全和健康方面所采取的措施及其效果，良好的职业健康与安全管理不仅能提高员工的职业健康水平，还能减少工程建设项目中的工伤事故，进而提升产业工人的工作效率和企业的整体绩效，有助于提升公司的社会形象和竞争力。具体措施包括但不限于以下几个方面。

- **环境安全保障类**：监测工作环境和生活环境，对水质、空气污染物、项目场所室内环境，确保环境安全达标；

- **职业健康保障类**：明确产业工人的劳动防护用品发放标准，监督个人防护用品配备、发放及使用，特殊岗位按照法律法规及标准发放特殊劳动防护用品；定期开展产业工人体检工作，确保体检率达到 100%，保障产业工人职业健康。

典型案例 1：南方电网公司分层分级分专业应对职业健康风险保障职业健康

为保障产业工人职业健康，南方电网公司坚持以员工健康为中心，遵循风险闭环管控的思路，针对生产基建和办公生活等场所组织开展职业健康危害辨识与风险评估，建立了职业健康风险库，编制风险分析报告，分层分级分专业制定并落实职业健康风险管控措施。与此同时，通过建设项目预防、劳动过程防护、职业医疗等环节实施全过程管控，从源头上预控职业健康危害，有效保障产业工人的职业健康。

典型案例 2：南方电网公司推行 7S 管理强化生产生活保障条件

为保障施工安全，南方电网公司结合公司战略、电网行业特征和精益理念的追求，在 5S 管理（整理、整顿、清扫、清洁和素养）的基础上新增了"安全"和"节约"，从而形成南方电网公司的 7S 现场管理方法。7S 管理是班站所标杆管理的主要抓手，是规范生产现场的有效手段。一方面，对变电、输电、配电、蓄能等工程的施工区、办公区、生活区的布置开展目视化管理和图文示例，明确基本要求和管理要点，杜绝了安全距离不足、作业空间受限、照明通风不良、噪声粉尘超标、标志标识不齐等不满足安全规定的环境条件；另一方面，采用定点照相、红牌作战、颜色管理和看板管理四种活动方式贯穿在 7S 管理的各阶段，创造良好的安全施工环境和作业条件，营造安全文明施工的良好氛围。通过实施 7S 管理，创建了整洁、有序和安全的作业办公环境，提高工作效率和员工满意度，也降低事故发生的概率，保障员工的人身安全。

典型案例 3：海南电网推进队伍职业化建设保障安全施工

为保障电网建设工程安全施工，海南电网公司印发了《职业化施工队伍建设专项工作方案》，明确建设目标、具体措施及完成期限，按周定期跟踪督办。

一方面，完成全省驻地化施工班组登记注册、班组标准化自评价及硬件配置，改善班组办公条件和环境，彻底改变班组驻地"脏乱差"的工棚印象；另一方面，召开全省提升职业化施工队伍管理工作现场会议，总结建设工程试点在改善工作生活环境、保障安全施工方面的经验，提炼相关要点，并全面铺开职业化队伍建设，实施全省打造职业化施工队伍。职业化队伍建设，不但系统改善了施工队伍的工作生活环境，也提升了施工队伍的安全意识，确保工程施工安全，进而打造本质安全型企业。

5.1.3　队伍建设

队伍建设是指工程为提升产业工人能力和队伍整体效能而采取的一系列管理措施，旨在打造一个高效、有凝聚力的项目团队。队伍建设成效也能反映建设工程项目在社会责任方面的履责水平。南方电网公司采取了多种措施提升队伍建设水平，具体措施包括但不限于以下几个方面：

• **分包队伍建设类**：持续深化承包商"等同"管理，抓好基建分包管理提升和"安薪行动"措施落地，全面排查和防范违法转分包、拖欠农民工工资等违规行为，积极培育优质战略合作伙伴；

• **自有队伍建设类**：培养能够长期服务于公司，并逐渐成为公司竞争力的自有队伍；

• **人员流动管理类**：推动产业工人合理流动，确保建设工程的人力资源得到有效配置；

• **教育培训类**：开展技术、安全和管理等方面的理论知识学习，以及培养实际操作能力，提升电网工程项目队伍的专业技术水平和安全意识，确保工程项目能够高质量、高效地完成。

典型案例 1：南方电网公司多举措提升一线班组人力资源配置

为有效解决部分一线班组吸引力不足、结构性缺员、人员技能水平不平衡等问题，南方电网公司采取了多种措施推进人才合理流动：①严格执行校园招聘毕业生到基层一线工作年限要求，坚持校园招聘毕业生、转岗人员向缺员班组倾斜，巩固一线班组结构性缺员治理成效；②探索柔性团队建设，通过人才共享等模式，解决部分单位、专业用工需求潮汐问题；③结合基建、生产、营销等项目管理人员配置需求，完善项目制用工管理机制；④结合各级单位生产经营实际，动态优化各专业班组设置，调动全员工作积极性；⑤持续加大培训资源投入，为提升员工技能水平提供充分硬件保障，在这项理念的推动下，一线班组人员学历、技能水平持续提升，高级工及以上人员占比达到 75.6%；⑥加强一线班组人员配置，发供电企业班组人员在全体员工中占比逐年提升，公司整体由 2020 年的 57.59%提升至 2023 年的 65.00%，提升 7.41%；⑦强化余缺调剂，各单位一线班组整体超编率由 2020 年的 1.01%上升至 2023 年的 3.68%；⑧落实"控总量、盘存量、调结构、提质量"工作要求，各单位一线班组人员配置情况优于总体配置情况，各专业间人员配置情况更加均衡。通过以上举措，南方电网公司一线班组人员配置持续优化，全员劳动生产率年平均增长达到了 9.0%。

典型案例 2：云南玉溪供电局出台试点方案探索打造新型产业工人队伍建设

为吸引产业工人回流、促进稳定就业，云南玉溪供电局与玉溪市总工会联合发布了《玉溪配网基建新型产业工人队伍建设试点方案（2024—2025 年）》，多举并措探索新型产业工人队伍建设。①成立配网建设产业工人"职工创新工作室"，开展"四新"应用，加快产业工人向技术型转变；②改善工程施工配套生活环境，保障产业工人"吃饭有桌、睡觉有床、洗澡有隐私"；③开展施工模块化场景研究，建设"工厂+项目部"两级电气预装生产线，减少产业工人现场作业风险暴露。方案的发布有助于培养固化的产业工人队伍，扭转以往"分包商管理人员、人员随分包商流动"的现象。玉溪供电局产业工人施工配套生活设施如图 5-3 所示。

典型案例 3：贵州送变电有限责任公司打造"黔送匠心基地"促进产业工人"练内功"

为持续提升产业工人的技术技能水平，贵州送变电有限责任公司打造了"黔送匠心基地"规范培训平台，基地包含四个区域，在"变电土建展示区"，

图 5-3　玉溪供电局产业工人施工配套生活设施

主要展示基础、挡土墙、护坡、混凝土坡道、构造柱、圈梁、砖砌体、墙体抹灰、墙面真石漆、墙面腻子粉、墙面乳胶漆、地坪、钢筋混凝土楼梯及休息平台施工、吊顶、门窗、清水混凝土防火墙、电缆沟、预制压顶、沟盖板、施工用电等土建施工工艺标准及施工流程；在"变电电气展示区"，主要展示管母制作焊接、软母线压接、电缆敷设及防火封堵、电缆头制作、二次接线、接地制作等电气施工工艺标准及施工流程；在"线路展示区"，主要展示基础线路、导线压接、接地制作等线路施工工艺标准及施工流程；在"视频交底展示区"，主要展示公司各电压等级安全文明施工布置标准，通过视频进行各部门（中心）公司级视频交底。该基地不仅是一个标准工艺的样板展示平台，也是一个提供给产业工人练内功、促成长的规范培训平台，展现了贵州送变电公司坚守匠心，树标杆、创一流的品牌形象。贵州送变电公司"黔送匠心基地"如图 5-4 所示。

图 5-4　贵州送变电公司"黔送匠心基地"

77

5.2 质量与安全

"质量与安全"是指在产品、项目或服务过程中确保符合预定标准和规格，并保障人员健康、财产安全及环境保护的一系列措施和管理活动，它是衡量产品、工程和服务满足客户需求的程度以及保护人们免受伤害或损失的指标。建设工程领域的质量通常涉及工程的可靠性、经济性、耐用性和用户服务等方面，确保工程服务能够达到预期的功能并满足用户的期望。建设工程的安全则侧重于预防事故、减少风险和避免对人体健康、生命安全造成损害。

党的二十大报告中明确提出要加快建设质量强国。2023 年 2 月，中共中央国务院印发《质量强国建设纲要》（以下简称《纲要》），作为指导我国质量工作中长期发展的纲领性文件，《纲要》明确了质量强国建设的方向、目标和重点任务，开启了高质量推进中国式现代化新征程的动员号令。能源电力是支撑国家经济社会发展的基础性行业，电网企业理应成为质量强国建设的排头兵和主力军。2023 年 7 月，《南方电网公司质量强企建设三年行动方案》印发，旨在全面贯彻党的二十大精神，深入贯彻落实党中央、国务院关于质量强国建设的决策部署以及南方电网公司党组"九个强企"建设工作要求，明确了公司质量强企的工作思路、工作目标，以及六个方面共计 21 项重点任务，以实现产品、工程、服务、管理、经营等五大质量的联动提升，形成了接轨国际、具有南网特色的质量管理模式。

与此同时，国家也高度重视企业安全生产建设。2016 年 12 月，中共中央国务院印发了《关于推进安全生产领域改革发展的意见》，意见强调坚守"发展决不能以牺牲安全为代价"的红线，实行党政领导干部任期安全生产责任制，并依法依规制定各有关部门安全生产权力和责任清单。2024 年 1 月，国务院国有资产监督管理委员会发布了《中央企业安全生产监督管理办法》，办法要求中央企业全面落实安全生产主体责任，建立安全生产长效机制，进一步强化中央企业的安全生产责任，确保员工和人民群众的生命财产安全。为响应国家对质量和安全的要求，南方电网公司积极采取措施推进建筑工程质量提升，主要关注质量行为、建筑工程质量、电气安装质量、线路工程质量、作业安全、应急管理和安全事故事件。

5.2.1 质量行为

建设工程质量行为是指参与工程建设的建设单位、勘察单位、设计单位、施工单位和监理单位等责任主体，在工程建设过程中履行国家有关法律、法规规定的质量责任和义务所进行的活动。随着高质量发展、质量强国等战略的实施推进，质量管理的精细化、规范化亟待提升。南方电网公司对建设工程质量管控提出以下要求：

- **工程质量控制类：** 加强对验收标准和流程的宣贯培训，指导施工单位提前熟悉验收作业指导书相关要求，重点掌握隐蔽工程、主设备安装及调试、交接试验等关键环节的验收要求。抓细抓实施工三级自检，强化监理初检，规范启动（交接）验收，全面提升工程质量水平，实现工程"零缺陷"移交标准等；

- **缺陷管理类：** 及时发现并纠正电网工程项目中常见的缺陷，如设计缺陷、材料质量问题、施工工艺问题、安装不当等，避免潜在的风险和事故；

- **质量技术文件规范类：** 明确工程建设各个环节技术要求和规范，指导施工过程符合技术要求，为工程质量控制提供依据；

- **工程物资管理类：** 建立物资管理制度，进行物资全流程管理等。

典型案例 1：南网超高压公司贯彻全生命周期质量管理理念确保工程质量持续提升

为强化工程质量管理，南网超高压公司贯彻落实工程全生命周期管理理念，从设计源头、设备选型、生产制造、施工建设、测试调试、交接验收等全过程开展质量管控，实现项目全生命周期质量最优。严格执行 WHS 质量控制标准，规范隐蔽工程旁站及验收，强化物料取样送检、施工单位三级自检、监理初检等环节监督。建立项目缺陷考核指标，在参建方合同中明确奖惩措施，将指标纳入建设单位组织绩效考核，依托电网管理平台推进项目缺陷管理信息化，实现年度电网建设项目"零缺陷"移交率 100%。

典型案例 2：云南电网公司持续深化"双创双优"加强质量管理

为加强治理管理，云南电网公司坚定走好"基建+科技"双创双优新赛道，牢固树立"重点工程必须是精品工程"目标，做好创优目标规划，制定可行、详细的创优工作方案，打造基建领域标杆管理体系。一方面以《电网工程"零缺陷"投产创优指导手册》为指导，持续打磨 136 项基建精益化工艺标准，开展"两级示范、两级标杆"配网项目建设，首创配网质量监督体系机制，推行"实物交底"，基建项目 100% 零缺陷移交；另一方面结合上级质量终身追究机制，严格对强条、反措、质量通病防治执行情况实行动态管理，坚持项目建设一次成优。

5.2.2 建筑工程质量

建筑工程质量主要关注建筑主体质量、装饰工程质量、建筑防水及安装、防雷接地、暖通消防等方面。建筑工程质量提升包括但不限于以下措施：

- **建筑主体质量：**提升建（构）筑物实体、混凝土结构、钢结构安装、防火与防腐涂层、楼梯平台及栏杆、围墙与建筑场地、路面与场坪质量等；

- **装饰工程质量：**避免片面追求观感质量而忽视质量与工艺标准，防范大面积返修及遮掩瑕疵的行为；提升墙面、楼面、地面、门窗、吊顶等区域的质量。

- **建筑防水及安装：**重点关注墙面、地面、涉水房间楼面无渗漏、渗漏痕迹或渗漏隐患，屋面防水施工规范，地下工程防水应经检验和试验无渗漏等；

- **防雷接地：**提升建（构）筑物防雷接地可靠，建筑物外引下线防护符合规范要求；

- **暖通消防：**提升给排水、采暖等管道，消火栓（箱），防火门、通风机传动装置等质量。

提升建筑工程质量措施及典型案例如表 5-1 和图 5-5，图 5-6 所示。

表 5-1   提升建筑工程质量措施及典型案例

序号	措施	特 征	典型案例
1	采用抗震性能好的钢结构	钢结构延性好，既能削弱地震反应，还具有抵抗强烈地震的变形能力。结构可靠性高，进一步消除了建筑的安全隐患	深圳 220kV 扬帆变电站工程
2	水喷雾管网采用低环网，独立立管布置的形式	优化感温电缆的布置，做到美观整齐，使感温电缆的缠绕部位和路径尽量贴近主变压器的高温区域和容易着火的部位，并改变感温电缆的固定方式，提高安全可靠性	广州 110kV 新街变电站
3	利用 BIM 可视化和参数化碰撞分析优化综合管线路由	利用 BIM 直观分析管线空间关系和排布效果，优化管线路由实现净高和观感的提升；建筑设备与电气管线竖向错让，避免碰撞；消防与动力照明等管线集中布置在线槽里，避免凌乱	广州 110kV 嘉业变电站
4	采用预制舱结构设计	预制舱的自重相对较轻，不仅便于运输，还降低了安装时的劳动强度。同时，舱体坚固的构造确保了在各种环境条件下都能保持优异的承重能力和稳定性	广东佛山 110kV 新隆站主变压器增容工程

图 5-5　广州 110kV 嘉业变电站管线空间关系和排布效果

图 5-6　预制舱式变电站效果

5.2.3 电气安装质量

电气安装质量具体关注一、二次设备安装质量、电气接地等方面。电气安装质量管控包括但不限于以下措施：

- **一次设备安装质量**：一次设备、系统命名编号规范，标识齐全，安装规范美观；

- **二次设备安装质量**：二次设备、系统命名编号规范，标识齐全，安装规范美观；

- **电器接地**：主设备及构架、避雷针（线、带、网）、电气设备等接地引线均符合设计要求和规范规定。

典型案例：深圳 110kV 秋悦变电站内采用无油化设备提升电气安装工程质量

深圳 110kV 秋悦变电站使用真空开关、气体绝缘开关等，有效避免了油浸变压器等设备因油类泄漏或蒸发引发的火灾和爆炸风险，提高了变电站内部的安全可靠性，消除对周边环境和建筑的安全隐患，有助于变电站设备在运行过程中实现干式运行，从根本上消除了油污染问题。不仅可以减少油污对建筑物的侵蚀，还可以降低火灾风险，在提高电力供应可靠性的同时，也极大提升了建筑物的使用寿命，有效提升了变电站的质量寿命。秋悦变电站无油电气设备如图 5-7 所示。

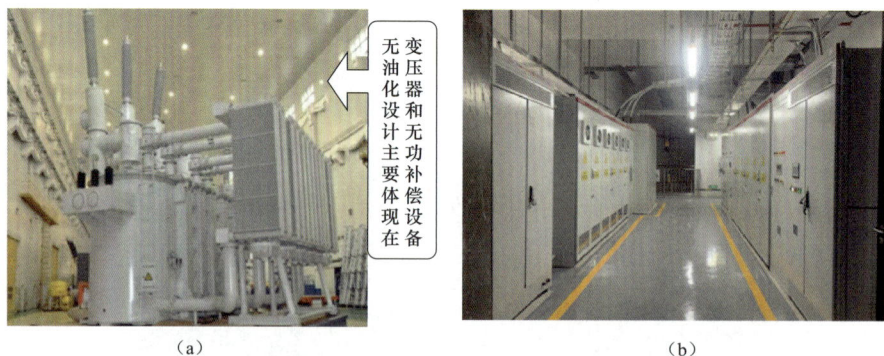

（a） 　　　　　　　　　　　　　　　　　（b）

图 5-7　秋悦变电站无油电气设备

（a）SF_6 气体变压器；（b）水冷式 SVG 无功补偿装置

5.2.4 线路工程质量

线路工程质量包括架空线路导地线质量、架空线路杆塔及接地质量和电缆安装质量。线路工程质量优化包括但不限于以下措施：

- **架空线路导地线质量类**：关注架空导线与地线弧垂，防振锤与阻尼线、光缆引下线及接线盒、金具安装，安全距离等。

- **架空线路杆塔及接地质量类**：关注直线塔倾斜控制，塔材顺直与节点检查，塔材镀锌与防腐，脚钉和攀爬装置安装，杆塔接地系统等。

- **电缆安装质量类**：要求高压电缆铠装层、屏蔽层接地符合要求，电缆桥架、支架的起始端和终端应与接地网可靠连接等。

典型案例 1：南方电网公司推广无人机自主巡检提升线路工程施工、运营质量

为提升线路工程施工、运营过程中的问题，南方电网应用无人机自主巡检，一方面可有效发现工程实施过程中的问题，反馈给施工方，保障了线路施工建设过程中的缺陷、质量隐患等问题得到及时解决；另一方面在运营过程中，无人机巡检可以有效解决了传统输电线路人工巡视效率偏低，缺陷排查不彻底等问题，同时也避免了产业工人攀爬杆塔存在的高处坠落、与带电导线安全距离不足导致人身触电等诸多风险的问题。见图 5-8。

图 5-8　南方电网公司无人机自主巡检线路

典型案例 2：广西电网公司推进"基建数智作业"提升施工质量和安全

为提供工程施工质量和安全，广西电网联动南方电网互联网公司、广西华为公司，深入华为深圳、西安基地交流学习，确定开展"基建数智作业"项目，并成立了推进领导小组、编制了《试点工作方案》、明确了建设目标和 10 项工作任务。以"配网台架变压器安装"作业场景为试点，充分考虑机械化施工、装配化设备、数字化管控和智能化验评等新质生产力应用，优化编制《标准化作业流程表》；机械化施工方面，充分利用起重机、立杆一体机、挖掘机等设备；装配化设备方面，使用"复合电杆+预制基础"取代传统的现浇混凝土方式；在数字化、智能化验评方面，开展全过程收集隐蔽工程、设备安装参数等验评数据，自动生成验评表；基于"标准作业流程+数智平台"，结合人工智能技术，构建"视频+AI 识别+辅助人工"管控模式，推动基建施工开展远程许可、远程安全质量管控、远程验收，提升施工质量和安全。

5.2.5 作业安全

本质安全型企业注重预防和控制生产过程、生产环境中的作业安全风险，强调安全生产的全过程、全环节、全要素管理，通过建立科学系统、主动超前的安全管理体系，注重系统观念、关口前移、源头治理、抓早抓小、防微杜渐，实现对安全风险的主动防范和管理，保障企业的生产安全和员工的人身安全。强化作业安全包括但不限于以下措施：

• **安全管理机制类：**落实现场作业风险管控，全面推行"1+N"现场作业风险管控模式，确保电力工程建设过程中人员、设备及环境安全；

• **安全风险辨识管控类：**识别、评估和控制电网工程中的各类安全风险，从而保障工程的顺利实施及人员的安全；

• **特种设备、机具安全防护类：**电网工程严格遵守国家和行业相关标准，确保设备、机具的使用、维护和检验等环节均符合安全规定，减少事故发生的可能性。

典型案例 1：广西 110kV 尚琴变电站工程 VR 安全培训提升施工安全意识

　　为提供施工人员安全意识,在建设广西 110kV 尚琴变电站工程过程中专门建设了 VR 体验馆(如图 5-9 所示),并开展 VR 安全培训,让施工人员体验各种可能发生事故的场景,强化感受,进而提高施工人员安全意识。

图 5-9　VR 安全体验馆提高施工人员安全意识

典型案例 2:广东佛山 110kV 新隆站主变增容工程采用预警装置提升安全

　　广东佛山 110kV 新隆站主变增容工程在旧站内增容,存在许多临近带电作业情况,为了保证施工的安全,本项目在使用吊车等大型机械施工过程中,安装使用了自主研发的"大型机械设备防触电预警装置"(如图 5-10、图 5-11 所示),确保作业过程中危险情况及时预警,有效降低了作业风险。

图 5-10　大型机械设备防触电预警装置效果

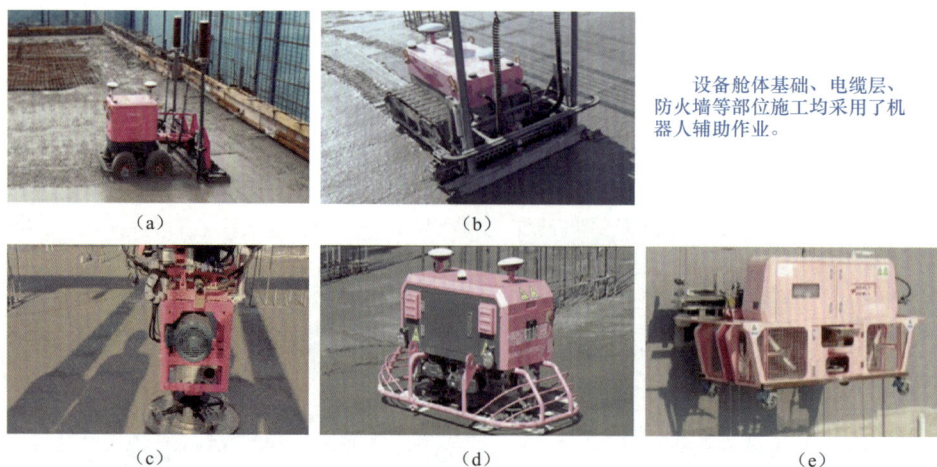

设备舱体基础、电缆层、防火墙等部位施工均采用了机器人辅助作业。

(a)　　　　　　　　　　　　(b)

(c)　　　　　　　　　(d)　　　　　　　　　(e)

图 5-11　机械化施工成果

（a）布料机器人；（b）抹平机器人；（c）整平机器人；（d）抹光机器人；（e）真石漆喷涂机器人

典型案例 3：广西电网公司推广应用智能穿戴装备保障作业安全水平

为提升作业安全保障，广西电网公司在作业现场配置智能手持终端、多功能布控球、智能安全帽等多种智能穿戴设备。一方面实现了语音自动提示作业步骤、安全风险、施工质量等管控要求；另一方面实现了实时视频监控、一键求助、移动广播、端侧 AI、人员定位、数据采集等功能，便于后台人员远程指导、应急指挥、安全监控，保障作业安全。现场作业统一管控模块如图 5-12 所示。

图 5-12　现场作业统一管控模块

5.2.6　应急管理

应急管理指公司在突发事件的事前预防、事发应对、事中处置和善后恢复过程中，通过建立必要的应对机制，采取一系列必要措施，应用科学、技术、规划与管理等手段，保障公众生命、健康和财产安全，促进社会和谐健康发展的有关活动。强化应急管理能力的措施包括但不限于以下方面：

- **防灾减灾救灾应急机制：**全面承接国家"一案三制"应急管理要求，构建了南网特色的"三体系一机制"应急管理体系和"平时预、灾前防、灾中守、灾后抢、事后评"的防灾减灾救灾应急机制；

- **常态化开展应急实训拉练：**公司依托"一基地一中心"，推动人员和装备资源的最优化配置，平时开展实训拉练，急时投入应急处置；

- **建立多方参与的应急联动机制：**深化与政府部门及相关方的应急联动，全面建立"全员参与、贴近实战"的应急演练机制，电力"横向到边、纵向到底、上下对应、内外衔接"的应急预案体系得到实践检验；

- **成立电力应急管理常设机构：**广东省在全国率先成立了专门的电力应急管理常设机构——广东省大面积停电事件应急指挥中心，形成"统一领导、综合协调、分级负责、属地管理为主"的电力应急管理格局。

典型案例：番禺电力科技园（二期）项目开展针对性应急演练提升突发应急能力

在番禺电力科技园（二期）项目中，南网能源发展研究院按照公司要求定期开展应急演练，针对在建工程深基坑土方开挖、临时用电等场景特点，会同施工单位、监理单位制定了针对性演练方案：包括消防、逃生（双盲）、高温中暑、心肺复苏、防风防汛、基坑坍塌综合应急救援演练等内容。建设单位、监理单位、施工单位等管理人员、各施工班组长等近 40 人参加演习，设立了组长、副组长、急救组、疏散组、救援组、后勤组等，演练充分锻炼了现场人员的综合指挥能力、快速反应能力、应急处置能力和协同救援能力，检验了应急预案，强化了火灾事故、基坑坍塌、防风防汛等事故的防范意识。

5.2.7 安全事故事件

安全事故和安全事件是安全生产中的两个重要概念。安全事故是意外或不可抗力导致的损害或伤害，多发生在生产、生活等社会活动中，影响较大，需要紧急救援、调查和分析，并采取措施避免再次发生。安全事件是因管理、操作失误导致的潜在危险或事故，多发生在企业、组织等管理范围内，需要及时发现并纠正、采取整改措施，避免导致更大的损失和事故发生。南方电网公司严守安全生产底线，强化安全管理措施，强化安全管理体系，健全安全生产责任制；通过落实电力安全生产责任、完善安全监管体制、严格安全生产执法、建立健全安全生产预控体系、加强建设工程施工安全和工程质量管理、完善电力应急管理、加强保障能力建设等措施，在事故数量下降、安全生产记录、应对风险能力的方面取得了显著成效，2024 年南方电网公司的安全事故数量与去年同期相比出现了大幅度下降，降幅达到 40%，体现了安全事故事件管控的有效性。

5.3 社会响应

2019 年底，中共中央发布的《关于坚持和完善中国特色社会主义制度推进国家治理体系和治理能力现代化若干重大问题的决定》强调了社会动员和社会响应机制建设的重要性。2024 年 7 月的中国共产党第二十届中央委员会第三次全体会议上提出在发展中保障和改善民生是中国式现代化的重大任务。必须坚持尽力而为、量力而行，完善基本公共服务制度体系，加强普惠性、基础性、兜底性民生建设，解决好人民最关心最直接最现实的利益问题，不断满足人民对美好生活的向往。

南方电网公司积极响应国家政策导向，在建设工程中一直坚持以人民为中心，处理好工程与社会的关系，通过积极的行为和措施回应社会需求和期望，应对社会环境变化，努力提高工程规划、建设及运营的社会参与度，关注项目是否做出社会贡献，以及是否有足够的应对公共危机能力。

5.3.1 社会贡献

电网建设工程作为国家基础设施建设的重要组成部分，不仅为经济社会发展提供了坚实的能源支撑，更在乡村振兴的伟大实践中发挥了不可替代的作用，彰显了深远的社会贡献。南方电网公司在建设工程领域对社会的贡献包括以下几个方面：

- **乡村振兴类**：贯彻落实区域协调发展、乡村振兴战略，充分考虑区域发展的整体性和协调性，同时紧密对接农村发展的实际需求，助力乡村经济社会的全面振兴，促进共同富裕。

- **带动就业类**：吸纳劳动力，创造工作岗位，尤其是为当地居民提供就业的机会。

- **社会活动类**：通过技能培训与知识传授，提升当地劳动力的技能水平；积极参与社会公益活动，助力教育、文化等社会事业的均衡发展；通过捐赠设备、援建设施、开展志愿服务等多种形式积极融入周边社区。

典型案例 1：南网储能依托自身优势资源，结合乡村振兴帮扶任务，在各类建设项目所在地及周边开展产业帮扶

南网储能公司目前在广东、云南和贵州 3 省开展乡村振兴帮扶，共有 6 个定点帮扶点，近年来工作成果已先后入选广东省农业农村厅（乡村振兴局）、省文明办、国资委等联合评选的"千企帮千镇　万企兴万村"典型案例，以及中国上市公司协会乡村振兴最佳实践案例。以韶关新丰抽水蓄能电站项目为例，驻镇帮扶干部以"帮扶企业+党支部+合作社+村民"为联合体，帮助村集体成立农业公司，将 50 亩闲置近 20 年的荒地改造成种植基地，协助将首批种植的约 30 万斤白皮冬瓜依靠市场化途径销售完毕。村集体经营性收入从帮扶之初的 350 元/年，上涨到 12 万元/年，实现了巨大飞跃。同时，土地流转为农户带来每年 3 万元的租金收益，部分农户还获得了 4.5 万元一次性青苗补偿，种植过程中带动了 20 余户农户就地就业，每户每月增加务工收入约 1500 元，大幅降低了返贫风险。初步实现了"小杠杆"撬动"大变化"。2023 年 11 月，在该产业项目的加持下，来石村入选广东省"百县千镇万村高质量发展工程"首批典型村。同时，南网储能公司还策划依托新丰抽蓄项目的建设，结合工程用工需求，组织周边村民进行技术技能培训，拓展当地就业渠道，吸引劳动力回流。

典型案例 2：玉溪供电局配网自筹项目助力烤烟绿色转型

烤烟房配套电网建设，提供"绿电"服务，助力乡村振兴。玉溪供电局充分发挥电网企业优势，一方面与地方政府、烟草办公室通力协助，从物资准备、计划申报到开通绿灯，再到属地政府主动帮助协调线路路径、变压器占地，实现了多方协同作战，快速实现了绿电供应，助力打造玉溪绿色烟；另一方面通过多举措保障，扎实推进项目建设，在烤烟季来临之前全面实现新建 2527 座烤烟房通电，确保 2023 年烤烟用电，让广大烟农用上电、用好电、用"绿电"烤出黄金叶。该案例完美诠释了电网企业助力乡村振兴、促进烤烟绿色转型，满足了人民群众对美好生活的电力需求。

玉溪供电局配网项目如图 5-13 所示。

图 5-13　玉溪供电局配网项目

5.3.2　应对公共危机

应对公共危机是指工程项目如何预防、准备、响应和恢复由各种社会危机事件引起的负面影响，包括公共卫生事件、自然灾害、社会动荡或其他紧急情况。具体措施包括但不限于以下方面：

- **防控预案类**：结合工程项目实际情况，从施工到运维的各个环节制定详细的防控预案，预防可能出现的风险，并在风险发生时能迅速有效地应对。

- **控制措施类**：制定应急预案，在公共危机发生时，及时响应，将风险降至最低，从而有效避免事故的发生。

典型案例 1：南方电网公司提前研判"摩羯"台风，有效化解舆情

南方电网公司时刻关注供电区域极端天气情况，并及时启动响应应急预案，在确定 2024 年第 11 号台风"摩羯"预计在 9 月 6 日登陆海南省时，提前 1 天启动了防风防汛 I 级应急响应：在海南成立前线指挥部，跨区域从广东电网、深圳供电局、国家级电力应急基地、南网通航公司统筹调配应急资源，第一批应急抢修队伍提前登岛完成部署，组织近万人规模的电力支援队伍在湛江徐闻集结待命，并根据灾情勘察情况及抢修需要，第一时间前往受灾地区进行支援。9 月 6 日 16 时 20 分前后台风"摩羯"在海南文昌翁田镇沿海登陆，登陆时中心附近最大风力 17 级以上（超强台风级，62m/s），面对史上最强秋台风"摩羯"带来的严重灾害，南网人坚持责任为先，发挥央企优势，迅速行动，全力抢修复电，连夜开展抢修复电工作。此次应急响应，南方电网公司累计投入抢修人员 2 万余人，抢修车辆 3600 多辆，应急发电车 685 台，应急发电机 1720 台，以最短时间抢修复电、尽最大努力将损失降低到最小。

典型案例 2：南方电网公司前置多重举措降低小型基建施工引发的舆情风险

小型基建工程施工场地大多临近居民区，施工会对周边产生一定影响，舆情风险较高。南方电网公司小型基建工程建设采取以下措施提前研判化解舆情：①施工前在小区内和业主群做施工告示；②优化施工工序，避免夜间施工；③混凝土浇筑等必须连续施工的，提前在市长热线报备，发生舆情及时解释或上门安抚；④做好建设场地周边保全工作，维护自身及邻里合法权益；⑤引入第三方保全单位，开工前对周边小区入户拍照取证，竣工后再次入户取证，避免"说不清"的舆情发生。

5.3.3 项目周边关系

建设工程的"项目周边关系"指的是项目与所在地周边环境、社区、政府部门、其他相关项目或组织之间的关系。妥善处理项目周边关系，需要项目积极与周边相关方沟通合作，确保项目的建设活动不会对周边环境造成不良影响，同时充分考虑并满足社区和公众的合理诉求。通过建立良好的项目周边关系，不仅有助于项目的顺利实施，还能提升项目的社会形象与品牌价值。公司改善项目周边关系的具体措施涵盖项目周边环境恢复、社会舆论事件和敏感社区/保护区调查三个方面，包括但不限于以下内容。

- **项目周边环境恢复**：采取一系列措施来修复和改善项目周边地区的环境质量，确保其生态、社会和经济功能的可持续性。

- **社会舆论事件**：不发生因基建引起的分包问题等不良事件；不发生行风突发事件；不发生因基建引起的新闻媒体曝光及造成重大社会负面影响的事件。

- **敏感社区/保护区调查**：以项目周边的问卷调查结果为依据，考察项目是否在规划、建设和运营过程中，能够充分考虑并减少对敏感社区和保护区的影响。

典型案例：工程外观设计巧妙融入周边环境，助力电力公司与社区和谐共生

为实现变电站与周边环境的和谐共生，南方电网公司变电站工程在设计时均注重与周围环境的适配，通过艺术化、品质化的外立面设计，来实现变电站与住宅小区、城市建筑或田园景观的充分融合，通过融入地域特色、文化元素和艺术元素后，变电站不仅具备实用功能，还可以是与周边环境相协调的艺术品。此外，有的变电站还通过植入科普教育、街心公园、社区功能等条件，实现变电站与城市空间、社区功能的融合。

工程外观设计巧妙融入周边环境如图 5-14 所示。

（a） （b）

图 5-14　工程外观设计巧妙融入周边环境（一）

（a）广州 110kV 嘉业变电站外立面艺术化、品质化专项设计；（b）广州 500kV 科北变电站外观吸取山水田园肌理和周围田园景观相协调

（c）

图 5-14　工程外观设计巧妙融入周边环境（二）

（c）深圳 220kV 上步变电站工程与城市建筑、环境景观充分融合

5.4　利益相关方

工程领域的利益相关方主要包括但不限于政府机构、当地居民、非政府组织、内部员工和承包商等。随着社会发展和公众意识的提高，利益相关方参与变得越来越重要，尤其是在环境保护、城市规划和重大项目开发等领域。通过有效的参与机制，平衡不同群体之间的利益冲突，可以提升项目建设过程中决策的透明度和执行效果。南方电网公司在项目建设过程中采取积极措施预防、应对因电力工程引起的分包问题等不良事件，避免造成新闻媒体曝光及造成重大社会负面影响，并切实保障周边人员和群体、客户及业主的权益。与此同时，南方电网公司致力于提升利益相关方的参与度，推动项目建设管理全过程透明、合规，构建平等的市场主体地位，形成亲、清的甲乙方关系，主要关注供应链管理、承包商关系和利益相关方沟通。

5.4.1　供应链管理

供应链管理指对电网建设、运维所需货物、工程、服务供应的管理，以确保工程项目按时、按质、按预算完成。南方电网公司供应链管理体系立足"战略引领、数字驱动"的基本方针，坚持"规范集约、安全可靠、绿色共享、价值创造"的价值主张，以全面建成现代数字供应链体系、提升产业链供应链韧性和安全水平为主线，构建包含供应链领导、策划、执行、监督、评价改进和管理支持等确保供应链高效运作的关键管理模块，助力构建新型电力系统和新型能源体系，服务中国式现代化南网实践，为加快建成世界一流企业提供基础和保障。在南方电网公司的《中国南方电网有限责任公司供应商管理办法》《中国南方电网有限责任公司供应链监督管理办法》等一系列规定中要求管理部门负责制定供货商评价标准，牵头组织各相关专业管理部门按职责分工开展供货商运行评价工作，具体组织开展管理范围内电网设备供货商的运行评价和承包商、服务商评价工作。建设工程的供应链管理评价指标主要包括采购与渠道管理及重大风险与影响，包括但不限于以下内容。

- **采购与渠道管理**：密切关注工程甲供物资需求上报及采购实施情况，结合施工计划、停电计划动态调整物资供应计划。积极应用重点工程物资供应监控功能模块开展物资供应进度跟踪，及时协调解决物资到货、卸货，设备入场手续办理等问题，确保物资供应满足施工进度要求。重点关注设备厂商设备加工、安装、验收、调试中发现的问题、缺陷，针对性制定品控措施，通过设备监造、关键原材料抽检、开展图实相符检查等手段，确保主变一次性通过出厂试验，保障入网设备质量等。

- **重大风险与影响**：建立覆盖信用信息征集、信用评价、奖惩机制、信用服务等内容的供应商信用管理体系，对接国家和行业信用信息共享平台，提升供应商信用水平，防范信用风险。根据供应风险和采购价值对物资品类进行分类，对供应商开展分级评价，进行分级分类管理。

典型案例：贵州电网搭建"供应商黑名单智能排查看板"落实"黑名单"排查

贵州电网公司按照南方电网公司"黑名单"供应商管理相关要求，切实推进招标采购领域专项整治工作。一方面，建立采购关键环节"黑名单"排查机制，推动"黑名单"数字化校核，将中标候选人"黑名单"排查嵌入采购评审阶段、采购结果审核阶段、上会定标阶段和中标通知书发送前等关键环节，严控供应商"黑名单"执行不规范；另一方面，充分运用数字化工具识别功能，以问题为导向解决"黑名单"管控中存在的黑名单查询入口散、校核阶段多、更新时效紧等难点问题；按业务流程分阶段开展层层排查，逐步实现"一键查三表"，提升校核成效，对供应商（承包商）"黑名单"进行管理，有效防范了中标候选人"黑名单"排查不到位问题，杜绝漏网之鱼。

5.4.2　承包商关系

"承包商关系"是衡量与承包商合作过程中，是否遵循了公平、透明、可持续和负责任的原则。本指标关注如何选择和管理承包商，督促其在项目建设过程中尊重劳工权益，遵循良好的商业道德。南方电网公司通过严格分包报审、分包合同签订等环节审核把关，建立分包管理台账，定期开展建设过程分包检查，确保专业分包单位主要项目管理人员现场履职，不发生违法转分包行为。公司优化承包商关系包括资质管理、分包管控和承包商评价三个方面的举措。包括但不限于以下内容：

• **资质管理**：加强施工管理人员及特种作业人员资格审核，严格审查承包商资质，强化业主项目部监督责任，确保建设单位或业主项目部具备持证造价管理人员，规范勘察单位行为，建立健全管理制度和流程，加强宣传教育和培训，完善监督检查机制等。

• **分包管控**：严格禁止转包、违法分包及挂靠行为，规范分包合同管理，督促施工单位进行分包报审备案，加强分包单位使用条件审核，提升业主项目部对分包合同的监督能力，强化责任追究机制，建立分包管理信息共享平台等。

• **承包商评价**：加强供应商/承包商履约评价管理，建立健全供应商/承包商评价与选择标准，强化承包商扣分管理，加强信息系统应用，开展定期检查和评价，建立反馈与改进机制等。

典型案例：优化承包商职业化管理体系，组织开展承包商及班组评价，实现动态管理

海南电网遵循"系统化、规范化及持续改进"的原则优化施工队伍职业化管理体系。施工队伍职业化优化内容包括：①印发《驻地化施工班组评价标准》，明确了施工班组软硬件评价内容，在南网系统内首次将施工班组规范化建设纳入承包商履约评价，并输入到招投标环节；②常态化开展承包商履约评价，将工作重点放在最薄弱的班组规范化建设上，组织供电局开展自评价与整改，将较为零散及规范性较差的施工班组进行整合重组并由基建部协同生产部对全省班组开展验证评价；③落实黑白名单管理，实现承包商优胜劣汰的动态管理，对于优秀的承包商项目管理人员和施工班组则纳入"白名单"，实行作业人员监督打卡，对失信人员、班组纳入"黑名单"进行惩戒，让违章、不守规矩人员受到相应限制。

5.4.3 利益相关方沟通

工程项目"利益相关方沟通"是指与所有受工程项目影响或能影响项目的个人、团体或组织之间，进行信息交换、意见征询、问题解决和建立共识的过程，贯穿于项目的整个生命周期，促进各方之间的有效合作与协调。通过利益相关方沟通，建设工程项目可识别并满足各利益相关方的需求与期望，增强相关方对项目的信任度，从而推动项目顺利建设。

典型案例 1：了解掌握利益相关方诉求，助力城市发展

随着城市经济实力的发展、市民生活水平的提升，外界对变电站的要求越来越高。不仅要超越原有的单一功能，还要带动周边环境，构建更多的城市公共空间及活动，助力城市发展。110kV 猎桥变电站坐落于广州市核心商业区，广州供电局业主项目部和政府部门、企业单位及周边社区居民等进行了充分沟通，了解掌握利益相关方的诉求，并统筹纳入到该站的规划建设之中，成功将其打造成为工业建筑与提升城市空间品质相互融合的全国典范。

典型案例 2：开展供电工程项目建设，解决用电迫切需求，降低投诉率

深圳南山区电力供需紧张，深圳供电局充分调研用户需求，与政府相关部门沟通，建设 110kV 红树湾二变电站。该工程是附着式变电站，与周边环境融合，不再像以往变电站与周边环境格格不入，有效减少了对周边居民因变电站位置而造成的投诉，并缓解深圳南山区电力供需紧张的矛盾，降低因电力供应不足导致客户频繁投诉的问题，也为南山区中心重要用户提供可靠的电力保障，进一步增加超级城市综合体区域的用电需求，为深圳市经济持续发展起到积极的作用。

未来，公司将持续促进建设工程利益相关方的沟通，促进供应链的整体可持续发展和社会责任担当，并推动供应链共同关注 ESG 表现，共同在减少碳排放、生态环境保护、劳工权益保护等多方面共同努力。

第 6 章

建设工程治理

创新引领
智力共享

6.1 治理结构

20 世纪 30 年代，美国学者伯利和米恩斯出版了《现代公司和私人产权》一书，对公司治理展开系统研究。彼得·德鲁克、罗伯特·凯普兰等学者随后提出了项目管理中的治理结构概念，进一步明确了项目管理组织架构的基本构成。20 世纪 90 年代，中国经济学家吴敬琏在研究国有企业改革的文章中率先使用法人治理结构、公司治理结构的概念。工程项目领域的"治理结构"指为了实现项目的有效管理而设立的一系列组织架构、决策机制和管理制度。它旨在确保项目能够在规定的进度、造价和质量标准下完成，并解决项目过程中可能出现的各种问题。

在 2016 年 10 月召开的全国国有企业党的建设工作会议上，习近平总书记指出："中国特色现代国有企业制度，'特'就特在把党的领导融入公司治理各环节，把企业党组织内嵌到公司治理结构之中。"南方电网公司全面落实"两个一以贯之"，切实把加强党的领导和完善公司治理统一起来，积极探索支部党建工作融入工程建设的新方法、新途径，持续改进和完善项目部管理。规范锻造工程建设高质量生态圈，重点关注项目部管理、党组织管理两个维度，在管理体系建设、项目部配置、沟通协调机制、党建+基建等方面落实具体措施，持续把制度优势转化为治理效能。

6.1.1 项目部管理

项目部管理是指对工程项目部的组织、领导、协调和监督等方面进行有效管理的过程，它涵盖了以下多个方面，以确保工程项目能够高效、顺利地进行，并达到预期的目标和效果。

- **项目部配置：**根据南方电网公司基建工程业主项目部标准化建设指南，科学合理配置项目管理人员，落实基建工程施工作业风险管控要求，加强专业岗位间的协同，开展工作承载力评估，实现工程安全、质量、进度、技术、造价及合规目标，包括确保办公场所等基础设施完备；加强业主项目部人员配置和管理，确保人员具备岗位胜任能力资格证，并符合技术水平和资格等任职条件。

- **沟通协调机制**：明确工程质量监督责任，完善交底资料，加强工程例会管理，强化内外部沟通协调机制，加强调度部门沟通与启动方案编写。

- **审批决策程序**：强化设计策划与管理工作，加强现场查勘与审批，规范开工审批流程，完善设计变更管理；审核进度计划及相关方案、物资供应计划、停电方案等关键要素，确保项目顺利推进。对招标需求、物资需求、设计变更、启动方案、结算报告等进行严格审核，确保各项计划及方案符合要求。审批、备案承包商的施工组织设计、施工方案，确保符合规范要求。加强分包管理，严格审查分包队伍资质，组织对施工单位开展违法转分包检查，将分包单位纳入工程安全管理体系。

- **管理体系建设**：确保建设单位项目管理体系健全，全面覆盖工程从规划、设计、施工到验收的全过程；编制详细的项目管理体系文件，建立并严格执行运行安全管理制度及操作规程，明确安全管理目标，落实安全生产责任。

典型案例：云南玉溪供电局强化协同机制，夯实管理基础

一方面是强化各方协同，夯实安全管理基础。云南玉溪供电局业主项目部强化各方协同，创新设立了"2+1+N"参建单位安全管控协同机制。①整合各方资源，优化基建"四不两直"及"视频监控组"运转机制，常态化开展交叉检查、联合督查。②做实"作业风险提示卡""颜色管理"，执行"三无三不三坚持"（无管控人员不开工、无作业监控设备不开工、无准军事化作业不开工；不让一份不合格的作业文件进入现场、不让一件不合格的工器具进入现场、不让一名不满足资质的人员进入现场；坚持问题导向、坚持精准奖惩、坚持长期与"体外循环"作斗争），按月开展"三个项目部"关键人员画像评价，奖惩并重，解决安全管理中"认不清""查不出""管不到"等在职不履职问题。③做优涉网复杂作业协同管控，推进基建、生产、营销协同，发挥"设备主人"管控优势，破解新能源配套项目多专业交叉界面风险管控难题；同时推进主配协同，以变电站围墙为界，围墙内主网项目部协同实施，围墙外配网项目部协同实施，充分发挥"专业人干专业事"优势。

另一方面是推进专业协同，夯实过程管理基础。玉溪供电局业主项目部着力推进专业协同：①试点探索和总结形成配网基建"六计划"协同管理指引，以项目进度计划为主线，通过规划、投资、建设各环节有序衔接，"六计划"（投资计划、里程碑计划、资金计划、物资供应计划、停电计划、在建工程余额压降计划）紧密协同，建设单位和项目参建各方合理配置资源，实现配网项目施工图设计、物资供应、作业实施、验收投产、结算转固全过程均衡建设；②建立"两轴一管控"（配网物资供应时间轴+逆向物资管理时间轴+库存物资分专业管控）项目物资管理机制，锁定关键环节；③建立需委会统筹、"专业平衡、两级审核"的物资需求预测模型，推行要货计划与月度施工作业计划强关联，推动配网物资供应与项目里程碑精准匹配；④推行配网"无影像、不结算"管理模式，明确配网项目施工典型场景影像资料收集要求，解决施工与结算脱节的难题，提高结算效率、有效管控"体外循环"、提升工艺质量、杜绝虚假投产。

6.1.2 党组织管理

党的基层组织是党在社会基层组织中的战斗堡垒，是党的全部工作和战斗力的基础。加强党组织管理，能够确保党的路线方针政策得到全面贯彻落实，使党组织在各个领域、各个层面都能发挥领导核心作用，从而巩固和强化党的领导地位。南方电网公司牢记"央企姓党"，坚持和完善党建工作领导体制和组织管理体制，把党的领导贯彻到项目建设全过程，建立健全上下贯通、执行有力的党组织体系。根据工程需要成立工程临时党支部或联合党员突击队，充分发挥党组织的战斗堡垒作用和党员的先锋模范作用。严格落实工程建设十项禁令、供应商交流工作指引等要求，加强对党员的思想政治教育和日常监督，防范廉洁风险。党组织管理主要关注党组织规范化、党建+基建和联建共建三个方面。

- **党组织规范化**：厘清项目党组织与决策管理层之间的关系，明确党组织治理的职能、权责边界等内容，党组织规范设置、党员组织关系转接和管理规范，党员教育培训科学有效。深化拓展公司党员责任区、党员示范岗、党员突击队、党员服务队（以下简称"区岗队"）建设，充分发挥党员示范引领作用。

- **党建+基建**：将党建工作与项目建设的各项工作深度融合，建立健全党建与基建深度融合的工作机制、责任机制、监督机制等，确保党建工作与基建项目同部署、同推进、同考核。通过党建引领，推动基建项目在规划、设计、施工、验收等各个环节中，始终坚持高标准、严要求，确保项目质量、安全和进度。同时，基建项目的实施也为党建工作提供实践平台，促进党建工作的创新和发展。

- **联建共建**：开展支部联建共建，联合设计单位、施工单位、监理单位等多方主体，打造以项目建设单位党支部为基点的联建工作大平台，集中各方力量和资源，畅通协调渠道，解决项目推进过程中遇到的各种问题，确保项目的顺利实施和高质量完成。

典型案例 1：深圳宝安供电局推进党组织规范化建设，善用"区岗队"载体，满格电力保障"深中通道"顺利通车

深中通道是集桥、岛、隧、水下互通于一体的跨海集群工程，全长 24km，其中深圳段长约 16km。深圳宝安供电局负责东人工岛、西人工岛、隧道以及桥梁的电气设备验收工作，大部分电气设备处于海底隧道以及伶仃洋大桥等现场环境恶劣的场所。作为连接客户的"最后一公里"，针对项目总体呈现容量大、设备多、分布散、工期短以及现场环境恶劣等特点，宝安供电局党委全面凝聚促发展、保供电的坚定思想、坚决意志，开展坚韧行动，保障在变电站投产后以最快速度为用户接上"安心电"。

深圳宝安供电局运用"区岗队"载体，攻坚克难，促进"两个作用"发挥有力有效。通过党建联建解决问题、疏通堵点、攻克难点，党委班子领导挂帅，与深中通道项目部联建成立电力工程服务专班，提前协调解决 8 项电网工程建设问题，为变电站按期施工打下坚实基础；与此同时，将"区岗队"作为攻坚克难的重要载体，成立 16 人党员突击队，召开项目电气设备验收启动会，由党委书记向突击队授旗，党员宣誓"亮身份"，带头啃"硬骨头"，采取过程同步验收、集中攻坚的方式开展设备验收工作，以"日通报、日协调"的沟通方式做到同步施工，同步验收、同步整改，最大限度压缩办理时间，为项目施工、投运节省时间约 30 天，确保了深中通道如期全线亮灯。

典型案例 2：海南琼海供电局找准"党建+基建"融合点，强化党建引领"三个一"，打造博鳌近零碳新型电力系统

强化党建引领"三个一"、保障项目保质保量按期投产。博鳌东屿岛零碳新型电力系统示范项目是博鳌近零碳示范区支持性项目，也是南方电网首个满足特级保供电要求的新型电力系统示范项目，项目在设计、施工、验收等环节缺少国内可借鉴的经验，且需在博鳌亚洲论坛 2023 年年会前建成投产，时间紧、任务重。为此，海南琼海供电局党委围绕"抓党建、带队伍、优业绩"的工作思路，找准"党建+基建"融合点，通过强化党建引领"三个一"，将项目建设的重点难点作为党支部工作的着力点，发动党员、带动群众合力攻坚急难险重任务，确保博鳌近零碳新型电力系统示范项目保质保量按期投产。

海南琼海供电局采取的主要措施包括：①成立一个支部，筑起战斗堡垒，促攻坚保安全。将"支部建在项目上"，联合建设、施工、监理、设计等参建单位组建博鳌东屿岛零碳新型电力系统示范项目临时党支部，成员涵盖各参建单位的党员；明确并细化临时党支部职责，持续推进"党建+基建"组织机制建设、深度融合和发挥作用，全方位、多层面落实党的组织和党的工作全覆盖，以高质量党建促攻坚、保安全。②树立一个导向，夯实基层基础，抓党建强业务。树立"党的一切工作到支部"的鲜明导向，保障各项工作任务落实落地；把党的政治建设摆在首位，每月定期组织开展政治学习、安全和廉洁警示教育以及业务培训；将项目推进列入党支部重点工作计划，关键节点管控由支委"挂帅"，确保重点项目有党员领着、关键问题有党员盯着、关键环节有党员把着、关键时刻有党员扛着。③实现一个目标，打造示范工程，推动绿色发展。将实现项目保质保量按时投产作为临时党支部的工作目标，针对技术难题，邀请海南电网公司专业部门联合组建项目验收专班，集中运行、继保、直流、电能质量、通信等方面的技术人员共计 20 余名，指导做好项目验收工作，并开展反事故演练，全力保障电网系统安全。

典型案例 3：广东韶关供电局打造"三基"建设融合载体，相融互促双提升

韶关供电局党委探索在党建与业务融合中筑牢"三基"建设基础，把党建"三基"和企业"三基"干成一件事。韶关供电局采取的主要措施包括：**①强化"支部建在项目上"出实效。**紧扣"一项目一支部一清单"，实行"清单化管理、项目化推进、节点化攻坚"；规范项目党支部建设和作用，发挥制度机制，强化党员队伍建设闭环管理链条，把来自各个单位、不同层级的党员干部有序组织起来，确保项目党支部管理到位、机制顺畅，助推 500kV 韶关北输变电工程取得省部级成果 18 项，荣获 2022 年度国家优质工程奖，获南方电网公司书面嘉奖表扬。**②党支部建设和班组建设同向发力。**夯实基础选优配强支委班子，通过基层创新创效"打擂比武""众星夺魁""十大书记项目"等评比载体，实现安全管理、廉洁自律、党建基础、业绩指标全方位管控；近两年来，全局五星级班组增加 3 个，实现零的突破，四星级班组增加 23 个，同比增加 128%，三星级及以上班组 228 个，占班组总数 91%。

6.2 治理机制

20 世纪初，亨利·甘特发明了重要项目管理工具——甘特图，他的工作形成了项目管理中进度管理的基础。随后，1950 年 PERT、关键路径法等重要工具出现，这两种工具方法促进了项目管理中的时间管理、风险管理的发展。如今，根据项目管理协会（PMI）发布的《项目管理知识体系指南》，现代项目管理的治理机制，主要涵盖了风险、成本、质量、进度、可持续性管理等多个方面。

南方电网公司建设工程的治理机制是指保障工程的治理主体和治理结构有效发挥功能的一套规则和运行体系，涵盖工程项目的综合管理、合规管理、风险管理、进度管理等各方面。建设工程一直坚持构建高效治理机制，提高管理效益，降低管理成本，在合法建设、流程技术合规、风险管理体系建设、绩效管理体系、进度管理体系建设等方面落实具体措施。

6.2.1 综合管理

综合管理是指对项目从规划到竣工整个生命周期中的各种活动进行系统性的组织、协调和控制的过程。综合管理包括以下几个方面的工作：

• **统计分析**：建立基建管理信息系统记录关键数据，并考核该系统的应用情况，要求运行日志、运行记录、事故分析处理记录齐全，技术经济指标统计数据完整、准确，缺陷管理台账及消缺率统计齐全；

• **绩效评价**：建立合理的项目部考核工作指引文件，原则上以所有项目为范围，由建设单位组织各业主项目部评价；

• **档案管理**：构建规范高效的档案管理机制。满足工程资料完整准确地移交与归档、交底与培训、检查与整改、档案数字化、档案管理组织、分类与检索、按期移交等要求。

典型案例：云南电网公司举办基建项目全过程管理提升培训班，强化系统思维

云南电网公司首次举办基建项目全过程管理提升培训班，公司分管领导亲自上讲台，深刻阐述项目管理核心要点：①要落实建设环境保通"8 要素"工作要求；②要全面掌握前期合规类别，做到合规手续办理"心中有数"；③用好基建管理"一卡二表一流程"（各阶段管控要点指引卡、基建项目进度管控表、项目开工审批表、工程前期手续办理流程图）。通过培训，理顺了电网基建工程管理链条，强化了项目管理人员系统思维，确保了公司全年基建项目全部实现合规开工，实现了基建项目管理能力与依法合规管理水平"双提升"。

6.2.2 合规管理

合规管理是指确保工程项目的所有活动都符合相关的法律法规、行业标准、合同约定以及内部规章制度的过程。合规管理的目的是通过制定和实施一系列的管理体系和措施来保障工程项目的建设、流程和技术合法合规，公司主要采取以下措施完善合规管理机制：

- **合法建设类**：加强质监检查验收管理，完善基建工程阶段验收流程，规范工程质量监督申报与文件管理，确保工程核准手续完备，强化备案工作管理；

- **流程合规类**：规范工程开工审批流程，加强工程质量控制和审核，完善"零缺陷"移交管理，加强法律法规标准管理，加强质量监督报告和不符合项管理；

- **技术合规类**：明确设计管理流程，加强设计管理，严格执行公司最新技术标准及反措，完善施工组织设计。

典型案例：云南玉溪供电局通过构建合同管理机制明晰责权，提升合规管理水平

小型基建施工招标遵循的是地方住建管理部门要求，在公共资源交易中心公开招标，施工总承包单位均非系统内单位，在承包商管理方面存在较大挑战。因合同不仅是双方合作的基础，更是预防和解决争议的关键工具。玉溪供电局小型基建通过建立一套全面且细致的合同管理体系，在红塔巡维中心项目中明确双方的权利、义务和责任，有效预防合规风险。合同管理体系主要包括：①细化合同条款，合同中明确界定了工程范围、质量标准、支付条件、变更流程、违约责任等关键点，确保所有参与方对项目有共同的理解和预期；②构建风险共担机制，合同中设定了风险共担条款，明确了不可抗力事件的界定及其处理流程，确保在不可预见的情况下各方的利益能够得到合理保障；③建立争议解决机制，合同中包含了详细的争议解决程序，优先采用协商和调解方式，必要时可通过仲裁或诉讼途径解决，避免了长期的法律纠纷，节省了时间和成本。

6.2.3 风险管理

工程建设领域的风险管理是指为减少项目所面临不确定性因素对项目目标影响的一系列有组织的活动。公司建设工程主要采取以下措施健全风险管理机制：

- **风险识别类**：全面审视并优化设计方案，完善设计报告内容，加强设计审查力度，合理选址施工营地；
- **风险评估与控制类**：强化施工营地选址布置方案的风险分析与评估，加强项目策划与风险管理，严格执行项目风险管控措施，适时评估与调整风险管理策略，加强工期调整的安全论证与评估。

典型案例：云南电网公司科学统筹协调并网策划，推动项目集群安全投运

云南 500kV 楚雄北部光伏接入系统工程（500kV 光辉变电站）线路施工部分需钻越 8 回 500kV 线路、跨越 16 回各电压等级线路，为确保施工安全，公司在施工阶段联合调度、运行单位科学统筹作业计划，共用停电窗口，开展铁塔拆旧立新、线路交叉跨越等作业，最终在 189 天停电作业中，减少主网线路停电共计 24 次，有效降低作业风险，保障作业人身安全，顺利完成云南电网近年来少见的复杂架线施工任务。另外，在投产阶段，公司主动协调其他相关新能源接入系统项目、储能项目建设时序，统筹安排投产前工作及投产方案，首次实现新能源电站、储能项目集群投产。

线路建设难点如图 6-1 所示。并网厂站示意如图 6-2 所示。

6.2.4 进度管理

工程建设进度管理是指对项目的各个阶段进行规划、实施、监控、调整等一系列活动，以确保项目能够在预定的时间内完成。南方电网公司《基建项目进度管理办法》要求公司基建项目建设进度管理实行分级管控，配网工程、电源工程、小型基建工程根据工程特点参照执行。具体由公司或分子公司、建设

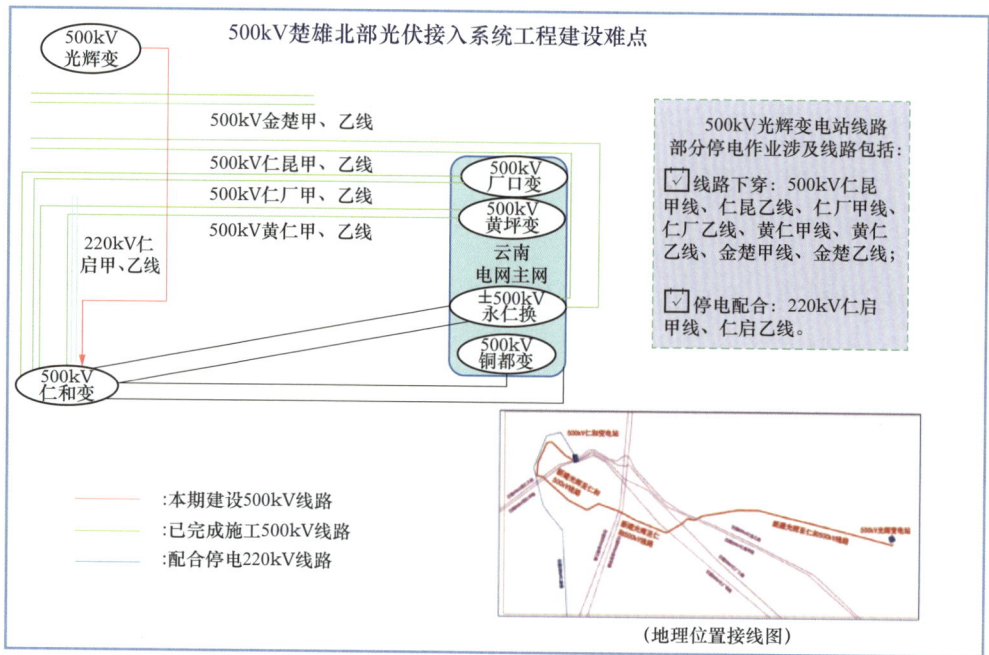

图 6-1　线路建设难点

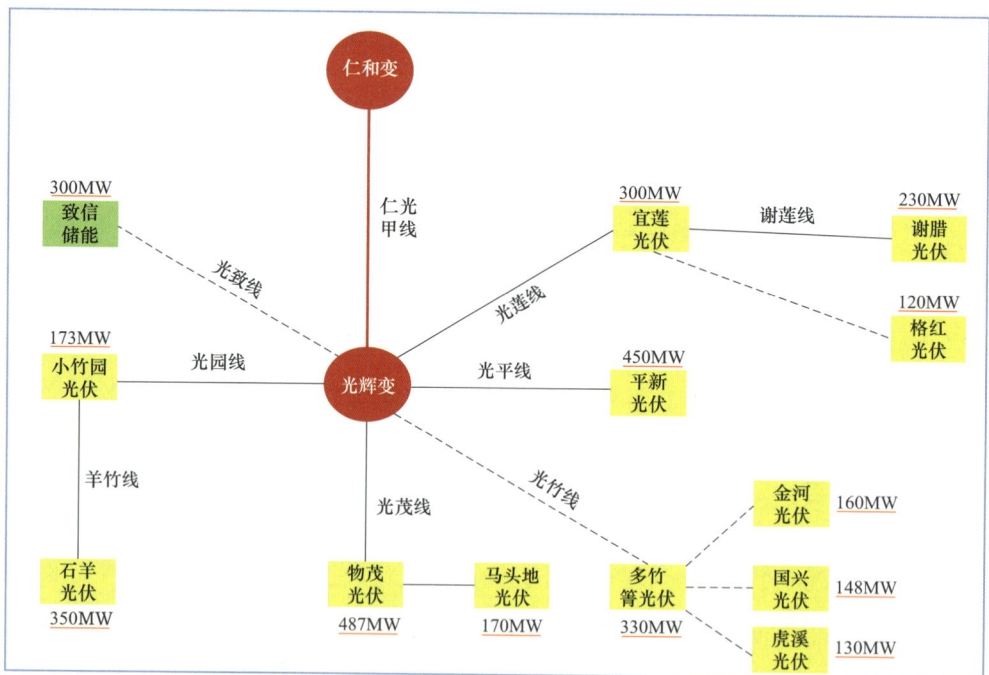

图 6-2　并网厂站示意

单位和施工项目部下达一、二、三级进度计划,管理办法中对不同规模、不同类型的工程制定了指导工期表。公司要求工程项目必须进行进度计划上报,进度计划管控,并考核工程进度计划符合度。在满足质量、造价及安全的基础之上,部分工程采用多种创新建设机制、缩短建设工期,例如敏捷建设模式、合建模式、分布式建设模式等。

典型案例 1:深圳供电局采用合建新模式缩短工程建设工期

合建新模式能够充分发挥各方的专业优势,具有提升项目管理效率、优化资源配置、提高建设效率和质量的优点。深圳 110kV 红树湾二变电站工程采用合建新模式,由万科企业股份有限公司提供变电站建设用地,深圳供电局负责变电站工程建设,新模式充分发挥了各方的专业优势,为项目节省了大量前期土地准备的时间,减少各方重复工作,极大缩短了工程建设周期,提高了变电站建设投资效率和效益。

110kV 红树湾二变电站全景如图 6-3 所示。

图 6-3　110kV 红树湾二变电站全景

典型案例 2:贵州都匀供电局探索建立"敏捷建设"机制缩短工程建设工期

随着黔南州瓮安县基础园区内骐信、胜泓威等企业陆续签约落地,园区用电需求增长快速,贵州都匀供电局 220kV 福山 II 回线新建工程变成为园区供电的关键。为确保项目快速落地,都匀供电局规划发展部与园区召开现场启动会,政企协同全力推进项目落地。都匀供电局在电网工程建设中探索建立"敏捷建设"机制，对 21 个环节中的 12 个环节进行优化，突出项目前期"早"、建设准备"并"、工程建设"快"，加快电网建设，将原本需要 45 天的投运时间压缩到 9 天，实现工期整体压缩 80%，节约停电时间 900 余 h，为地方特色产业高质量发展"保驾护航"。

6.3 治理效能

治理效能是指通过科学、合理、高效的治理手段，确保工程项目按时、按质、按量完成，同时实现经济效益、社会效益和环境效益的最大化，涵盖创新发展、商业道德两个关键议题，在创新成果、成果转化、诚信廉洁机制等方面落实具体措施。

南方电网公司深入学习贯彻习近平总书记重要讲话精神，深刻认识到科技创新是战略所向、使命所系、发展所需，坚持将科技创新作为重中之重的"头号工程"，加快高水平科技自立自强，以科技创新引领产业创新，大力发展新质生产力，推动能源电力高质量发展。同时，公司强调工程建设过程中遵循商业道德，秉持诚实守信的原则，通过加强内部管理，防范腐败行为的发生，营造风清气正的行业氛围。

6.3.1 创新发展

近年来，南方电网公司加快开展关键技术研究，支撑新型电力系统建设。大力推广应用国家、行业重点新技术、新材料，在提高工程项目的效率、质量和可持续性的同时，降低成本和风险。建立高效完备的成果转化体系，持续推动科技成果转化为现实生产力。具体表现为以下措施：

- **创新成果：** 鼓励工程项目进行技术创新、管理创新、设计创新和工艺创新等，并申请专利、商标、著作权等知识产权，优质工程奖、QC 成果奖等奖励。
- **成果转化：** 积极应用电力"五新"（新技术、新工艺、新材料、新设备、新管理）技术，与供应商和科研机构保持紧密合作，确保技术的前沿性和实用性，同时确保新材料与新设备的安全可靠性及合规性；推动管理创新、QC 成果、合理化建议、金点子、"五小"、职工创新、降本增效等改善活动；推动人工智能技术与基建工程融合，鼓励并支持员工申请相关发明专利和新型实用专利，制定并落实"四新"应用计划等。

典型案例 1：广州供电局推出国内首个电鸿适配变电调度域主设备并成功挂网试运行

2024 年 8 月，广州供电局在 110kV 尖峰变电站率先完成继电保护及综自装置的电鸿适配多品类设备挂网试运行工作。该项目是基于南方电网公司自主研发的物联操作系统——"南网电鸿"平台而打造的一体化智能运维系统。它融合了变电专业信息系统和多源数据，致力打造成南方电网具备"数字赋能、实景应用、前瞻引领"三大特征的数字电网前沿技术综合示范区。广州供电局联合南网数字集团及设备厂商全力推进 110kV 及以下保护测控装置等多品类调度域主设备的电鸿适配工作，通过开展电鸿对多核 CPU 的非对称多处理工作模式以及实时性提升技术攻关，基于电鸿的混合部署技术，解决 CPU 一芯多核异构、控制应用分离、数据采集实时性问题，成功实现电鸿化控保设备、时间同步装置的示范应用，验证了"南网电鸿"对强实时控制保护类应用场景的有力支撑。此次电鸿化应用有效提升设备本质安全，同时为二次设备全面远程运维、应用程序批量 OTA 升级以及装置本体安全防护等前沿技术夯实基础，也为新型二次专业运维模式创造可能。这也是国内首次电力核心装备的电鸿化应用，标志着"南网电鸿"系统与电力系统主要设备成功实现了联通融合，标志着南方电网公司在该领域取得突破。

典型案例 2：广东佛山供电局研发全网首个"SABT 机器狗"助力保供电

佛山供电局运维人员在 110kV 南庄变电站率先应用新一代"SABT 机器狗"（以下称"赛伯"）开展巡检任务。"赛伯"拥有变电站 SLAM 自主导航、特殊避障功能、改进型"天牛须"算法以及高适应性智能算法等四项技术首创，"SABT"正是这四项首次研发或应用技术的英文首字母。其实，佛山供电局能够成功研发出"赛伯"机器狗黑科技有迹可循，早在 2014 年，佛山供电局就在南网范围内率先引入变电站巡视轮式机器人，对设备的红外图谱进行巡视和重症分析；2021 年，该局试验所技术团队又自主研发了全国首个用于变电站巡视的四足机器人，实现了变电站全地形、全路径的户内外巡视；在此基础上经过三年深耕细作，迭代完成了新一代"赛伯"的开发，实现了红外和可见光双目巡视、温湿度及位移传感、深度相机及激光导航、多种目标识别等"视觉+听觉+感知"三位一体的多功能、全覆盖巡视。"赛伯"作为移动式的多功能智慧终端，观测数据涵盖了设备健康状态、环境数据等全维度的巡检项目，真正做到了解放生产力。

与目前在全国多地变电站应用的机器狗相比，"赛伯"借助四项首创新技术，拥有了更加优秀的全地形适应、自主导航、避障、纠偏等能力。四项首创新技术分别为：①首次实现了 SLAM 自主导航，即使巡视场地和路径发生改变，也能全自动完成所有巡视任务；②依托自主首创的"特殊避障算法"，"赛伯"还能 100%规避安全围栏等镂空或半透明障碍物；③团队首创的"目标自适算法"，让"赛伯"能够在干扰导致位置偏差的情况下，实现自动调整纠偏。此外，"赛伯"的高水平 IP 防护等级，使其在恶劣天气下也能开展自主作业，为设备健康和电网稳定运行再添一重有力保障。SABT 机器狗如图 6-4 所示。

经典案例 3：云南红河供电局首创电动射枪式绝缘操作杆投入使用

云南红河供电局采用绝缘杆作业法，运用拥有自主知识产权的电动射枪式绝缘操作杆，顺利完成带电搭接 10kV 阿盈里线 206 号杆支线新增配变搭火任务。电力系统开展不停电作业时，需要保证足够的安全距离以避免带电体对人体放电，然而目前大部分不停电作业仍然采用人工人力直接作业的方式，所以不停电作业人员需采用绝缘遮蔽的方式，以隔绝带电体对人体的放电途径。基于目前电网复杂的杆塔环境及设备安装形式，需安装的绝缘遮蔽过多，导致作业人员的精力消耗过快，易出现注意力不集中等危险作业问题，有较高触电风险。

图 6-4　SABT 机器狗

　　为解决上述问题，红河供电局创新团队按照"作业方法+检修设备"的工作思路，以能量转移为突破点，将原有的人力直接作业方式转换为电动间接作业方式，研制出了电动射枪工具头。该工具采用了自适应吊环螺丝锁止、全向可调线夹锁止、预设置螺栓锁紧力矩、紧急情况下机械解锁、急停操作等多项创新技术。该成果将作业人员以人力直接接触的方式升级为电动力间接接触，整个作业过程用时不到 1h，较传统作业方式减少了一半以上的时间。截至 2024 年 9 月，该技术已取得 3 项实用新型专利证书，受理 2 项发明专利，在南方电网多个地市级单位得到应用，自 2023 年投入使用以来，直接节约资金约 570 万元。

　　电动射枪式绝缘操作杆如图 6-5 所示。

　　典型案例 4：海南电网公司集成数字化技术，打造"数字电网典范"

　　海南电网公司聚焦"数字电网典范"目标，全面推动基建全要素全业务流程数字化转型。将基建工程规划设计、建设投产、运行维护等一系列流程进行有效集成并实现全生命周期的数字化和智慧化管理，支撑作业层、管理层、决策层的基建数字化协同应用。集成南方电网数字化技术，打造智能、安全、可靠、绿色、高效的 500kV 数字电网典范。

图 6-5　电动射枪式绝缘操作杆

海南电网公司打造的"数字电网典范"包括：**①数字电网一体化建设典范**。基于电网资产全生命周期管理的理念，遵循 GIM 一体化电网数据模型，一模到底打通规、建、运数据流，建成 500kV 主网架数字系统，实现数字工程与物理工程一体化设计、建设、投运。**②数字电网管理协同典范**。构建基建工程项目管理与施工作业管理的全面流程化、线上化、数字化，促进各参建主体协同联动。应用"BIM+GIS"数字技术及物联网设备，实现施工作业数据与基建管理数据融通，打造基建全过程进度、质量、安全、造价可观可测可控的管理典范。**③数字电网技术集成典范**。遵从南方电网数字生产标准及"云管边端"技术架构，应用南网创新的物联网、人工智能、电鸿等数字化技术，建成本质安全型 500kV 数字化主网架，实现主网架全面态势感知、生产运行业务全景透明、生产模式数字化转变、新能源高比例消纳，成为智能、安全、可靠、绿色、高效的数字电网技术典范。

6.3.2　商业道德

在工程建设领域，商业道德是指工程项目各方在项目建设时所遵循的行为准则和道德规范，这些准则和规范旨在确保项目各方的行为符合社会期望和法律要求。商业道德以诚信廉洁机制建设为核心议题。南方电网公司持续强化诚信经营理念,加强诚信建设与管理,健全激励约束机制,不断提升履约质量、商业信誉,在全社会树立诚信南网的良好形象。为此,公司在建设工程领域建立了廉洁提醒机制,为各参建方提出了以下要求:工程开工前各方参建主体签订廉洁承诺书;项目进场前必须组织召开廉洁提醒专题会议,强调廉洁要求;在施工现场张贴廉政监督告示,建立廉政监督机制,确保项目从开工到投产,不出现违规吃喝、吃拿卡要、"四虚"等廉洁问题。

典型案例:南网超高压电力科研院一体推进小型基建领域"三不"体制机制,合力打造阳光工程

南网超高压电力科研院业主项目部将"知清崇廉、守正慎行"廉洁文化理念融入到辅助检修厅和诊断试验室建设工程项目管理日常工作中,以"知责行责、知廉行廉、知行合一"为准则,力求达到"以知促行、以行促改、以改促效"的目标,大力宣传党的纪律、南方电网公司党风廉政建设和反腐败工作要求,将各项工作主动纳入监督;同时结合"党建+基建"系统化常态化工作,与各参建单位一起、一体推进小型基建领域"三不"体制机制建设,注重协同和策略,同频共振,共同打造阳光工程放心工程。具体措施如下:①业主项目部组织团队成员学条例、明规矩、知敬畏;通过辨风险,识风险,知禁区;并坚持常抓不懈,警钟长鸣,警惕常在;要求每个人打铁首先自身硬,主动接受各类监督,强化不敢腐的决心。②完善廉洁风险防控机制,盯住基建招标、技经管理、基建综合评价等7个关键流程,盯住管资金、管安全、管采购、管质量"四管"人员,揪住评标、隐蔽工程实施、施工验收等关键时,让大家驶入不能腐的轨道。③通过廉洁"三表"(签订廉洁承诺书、协议书和廉洁表态)共享责任义务,通过廉洁"三进"(进项目、进工地,进例会)共构清爽关系,通过廉洁"三上"共建阳光工程,提升团队成员不想腐的意志。通过不断总结不断完善,成效逐步显现:自开工以来未发生任何违规违纪问题,工程现场逐步营造出一个风清气正、干事创业的好氛围。相关成果成功入选超高压输电公司改革三年行动简报第5期典型案例,并在《中国电力报》进行专门报道。

第 7 章

建设工程案例介绍

7.1 云南丽江 220kV 岩乐变电站工程——全国首例电网工程 ESG 评价应用实践

7.1.1 工程概况

220kV 岩乐变电站工程建设地点位于云南省丽江市古城区金安镇龙山村委会，占地面积 42 477m²，工程于 2022 年 5 月开工，2023 年 2 月竣工。本期新建 2 台 180MVA 变压器（终期 3 台），新建 220kV 出线 3 回（终期 6 回），新建 110kV 出线 7 回（终期 16 回），35kV 不出线，仅接站用变和无功补偿装置，装设 4 组 12Mvar 电容补偿装置。

云南 220kV 岩乐变电站工程概况如表 7-1 所示。

表 7-1 云南 220kV 岩乐变电站工程概况

开工时间	投产时间	项目经理	工程荣誉
2022 年 5 月	2023 年 2 月	李海	获得 2023 年云南电网公司基建优质工程一等奖，2024 年中国电力优质工程奖
参建单位	建设单位		云南电网有限责任公司丽江供电局
	土建代建单位		大理州方达有限责任工程公司
	设计单位		云南恒安电力工程有限公司
	监理单位		云南电力建设监理咨询有限公司
	施工单位		云南送变电工程有限公司

云南 220kV 岩乐变电站全景如图 7-1 所示。

7.1.2 工程亮点

（1）污染防治。本项目严格遵循环境影响评价制度，确保环境保护设施与主体工程同时设计、同时施工、同时投入使用。项目在环评合格通过后依法开工，在建设过程中强化现场"绿色施工"和"四节一环保"监督，严格执行工程建设标准、强制性条文，推广应用国家重点节能低碳技术 7 项，实现噪声、无线电干扰等环保指标优于国家标准，并顺利通过环保及水土保持验收，具体亮点如下：

图 7-1　220kV 岩乐变电站全景

在噪声监控防治上， 在施工场地对噪声进行实时监测，同时采取遮挡、封闭等吸声、隔声措施，实现厂界昼间噪声监测值范围为 40.5～41.6dB（A），夜间监测值范围为 40.1～40.8dB（A），满足《工业企业厂界环境噪声排放标准》（GB 12348—2008）1 类区标准限值要求；

在无线电干扰控制上，厂界工频电场强度为 1.40～113.55V/m，工频磁感应强度为 0.088～0.148μT，满足《电磁环境控制限值》（GB 8702—2014）中 4000V/m、100μT 的标准限值要求；

在污水处理上，新建一体化污水处理装置，值守人员产生的生活污水经一体化污水处理装置处理后统一收集，实现污水全部回收利用、不外排，不对周围水环境产生影响；

在危险废弃物处理上，变电站运行期间产生的废旧蓄电池暂存于危废暂存间，交给有危废处置资质的单位依法合规地进行回收、处置，不对外环境产生影响。

（2）资源消耗。本项目秉承资源节约型友好型理念开展施工设计，明确要求在能源消耗、水资源利用、建材应用上秉承节约理念，各级组织机构及各参建单位在落实施工建设的过程中，在满足建设工程需要的基础上，践行降低资源消耗承诺，节约水资源利用和建设耗材应用，具体亮点如下：

在节水与水资源利用上，施工现场采取路面喷洒、雨水绿化浇灌等节水措施，严禁无措施浇水养护混凝土；

在节材与材料利用上，优化电缆敷设路径，减少路径长度和复杂性，采用可多次转接使用的优质覆膜黑板，减少模板耗费。

（3）气候变化。本项目开工前对绿色施工、新技术应用进行立项并编制总体策划，明确项目目标、组织机构及各参建单位职责，各参建单位根据总体策划进行详细分解并编制专业细则，层层把关，保障绿色施工与新技术应用的落实，具体亮点如下：

清洁能源利用上，设计了满足大坪坝、上白麦光伏 482MW 新能源送出，保障了丽江市清洁能源输送。

（4）质量与安全。本项目以创建中国电力行业优质工程，争创中国安装工程优质奖为质量目标，实施科学质量管控，设计采用国产新一代智能化电气设备，实现无人值班的先进运行模式。在工程管理中，贯彻"安全为基础、质量为中心"的指导思想，全面应用标准化建设成果，强化过程质量控制，提升基建管理的标准化、规范化、专业化水平，确保工程"管理规范、设计合理、功能完备、先进实用、运行可靠"，具体亮点如下：

在理念与目标明确上，秉承"培育成优、过程创优、一次成优、投产即成优"的质量理念，编制工程创优规划、创优实施细则等，全面推广质量工艺标准化，以"技术先进、节能降耗、绿色环保、质量创优"为宗旨，打造"丽质筑网，灯火映江"建设团队，并针对项目的特点和要求，提出要实现工程达标投产及获得南方电网公司优质工程、创建中国电力行业优质工程、争创中国安装工程优质奖的建设目标。

在质量管理上，健全分层管理、层层落实的参建单位项目质量管理体系，强化过程管控，编制质量检查计划，定期组织质量检查；深化标准工艺应用，实行首例样板引路，开展定期及不定期检查，应执行的 112 项标准工艺（土建 67 项、电气 45 项）应用率达 100%；强化强条执行与通病防治，制定强制性条文、通病防治策划，签订《质量通病防治任务书》，执行完成质量通病防治 22 项以及工程涉及的全部强条 578 项。工程质量符合国家质量验收标准、设计标准及合同要求，并通过新技术应用、绿色施工、地基结构和工程质量专项评价。

在安全管理上，坚持"安全第一、预防为主、综合治理"的方针，以建设管理纲要、安全文明施工及环境保护策划为基础，以安全文明管理策划为起点，以贯彻各项规定、制度为关键点，及时组织学习上级下发安全文件并按照相关要求开展专项活动，通过实施智能化无人值守门禁系统、使用室内电缆沟临时伸缩盖板、采用防踏凹槽式减速带等措施，有效降低安全隐患，落实安全管理常态化。

在标准化管理上，在前期策划阶段编制了建设管理纲要、创优总体策划、安全文明施工总体策划、强制性条文实施策划、风险策划、绿色施工策划、环保水保策划、数码照片采集与管理策划等十余个策划文件，监理与施工单位分层落实编制了实施方案与细则，随后按照公司相关文件要求，组建了配置合理、技术过硬的三个项目部，业主项目部认真组织标准化开工准备工作，确保"四个落实"（落实人员、落实责任、落实运作机制、落实工作标准）。

在资料管理上，将工程资料管理作为工程建设的核心环节，在事前控制环节，严把工程开工关；在事中管理环节，落实整改闭环，每月组织监理、施工单位对资料的收集和整理情况进行检查，及时整改发现的问题；在事后总结环节，组织各参建单位集中整理归档档案 273 卷，强化工程档案的完整性与电子化检索的可追溯性。

（5）**社会响应**。本项目为全国首个实施电网工程 ESG 评价体系的电网基建项目，评价等级为 A 级。工程的建成投运有效化解了原有 12 项一般电网事故风险，对优化丽江电网网架结构、解决丽江古城及玉龙单一电源问题具有显著积极作用，有效保障丽江市金山工业园区、轻轨等重点项目及旅游景点用电需求，满足大坪坝光伏 482MW 新能源送出，为丽江市经济发展与产业升级提供了助力。具体亮点如下：

在优化项目周边关系上，由于项目进站道路为扩建防火通道且站址相对闭塞，为加快建设任务、减小协调难度，同时为建立并维系良好的项目周边关系，项目组在防火通道修建、土方及材料运输等过程中优先采用项目所在村车辆，同时优先招聘周边村民为站内杂工，在为当地村民增加就业机会的同时加快了项目建设进度。

（6）**治理机制**。本项目组着重加强进度管理与造价管理，通过制定详细项目计划，对项目进行动态监测与控制，同时在明确造价控制目标的基础上，规范费用计列，强化结算管理与成本控制，实现对项目的合理管控。具体亮点如下：

在进度管理上，业主项目部严格执行《云南电网公司输变电工程进度计划管理办法》，下达工程里程碑计划，对进度计划实行动态管理，结合物资供应和季节变化，合理编制项目进度实施计划，强化关键节点的管控，保质保量完成项目建设。

在造价管理上，明确造价控制目标，组织召开技经专题会，商讨现场签证及变更事项，严格按照南方电网公司输变电工程设计变更与现场签证管理办法要求及时处理和审批现场签证；规范费用计列，按时完成工程量，及时审批月进度款支付申请，加强建设结算管理和成本控制，确保合理造价。

7.2　广州 110kV 猎桥（桥西）变电站工程

7.2.1　工程概况

110kV 猎桥（桥西）变电站位于广州市天河区猎德大桥北延线西侧，站址东临猎德大桥，南面紧邻珠江堤岸，西面为冷冻厂建设用地，北面紧邻临江大道，交通运输便利。广州 110kV 猎桥（桥西）变电站工程概况如表 7-2 所示。

表 7-2　　　　　　　　　广州 110kV 猎桥（桥西）变电站工程

开工时间	投产时间	项目经理	工程荣誉
2020 年 3 月	2021 年 6 月	沈志伟	1. 2022 年度中国电力中小型优质工程 2. 2022 广东省建设工程优质奖 3. 广东省土木工程詹天佑故乡杯奖 4. 2022 年广东省工程勘察设计行业协会科学技术奖一等奖
参建单位	建设单位		广东电网有限责任公司广州供电局
	土建代建单位		—
	设计单位		广州电力设计院有限公司
	监理单位		广州电力工程监理有限公司
	施工单位		广东省第一建筑工程有限公司

广州 110kV 猎桥（桥西）变电站全景如图 7-2 所示。

7.2.2　工程亮点

（1）资源消耗。采用高效细水喷雾灭火技术。主变压器室采用高效细水喷雾灭火系统，运用快速冷却、局部窒息双作用灭火机理，较常规水喷雾灭火系统节约消防用水约 1/4。猎桥站高效细水喷雾灭火系统如图 7-3 所示。

图 7-2　110kV 猎桥（桥西）变电站全景

图 7-3　猎桥变电站高效细水喷雾灭火系统实景

建设"海绵城市"变电站。为响应绿色、环保建筑理念，猎桥变电站屋面雨水、透水混凝土环形道路、站内散雨透水砖雨水全部回收于雨水收集系统，并设置一体化污水处理系统，雨水处理后可用于绿化、站内场地冲洗，年节省用水量约 730t。

（2）污染防治。全面应用预制装配式技术，减少施工污染。为响应绿色、环保要求，猎桥变电站采用装配式钢结构技术、压型钢板底模、预制电缆穿墙排管、预制电缆沟等装配式技术应用，全站装配建筑面积装配率约 50%，实现文明施工，减少粉尘、噪声等污染，缩短建设工期约 2 个月。猎桥变电站预制装配式技术应用如图 7-4 所示。

图 7-4　猎桥变电站预制装配式技术应用

打造"超静音"变电站。为进一步提升猎桥变电站公共空间品质，解决邻避效应。猎桥变电站采用低噪音主变压器，主变压器室布置吸声体、低频加强吸声墙和超隔声门，进风和排风采用矩阵式消声器。经实际检测，猎桥变电站噪音满足一类环境要求。矩阵式消声器、猎桥主变压器室设置低频加强吸声墙分别如图 7-5、图 7-6 所示。

图 7-5　矩阵式消声器

图 7-6　猎桥变电站主变压器室设置低频加强吸声墙

（3）气候变化。**南网首个"绿色"双认证变电站**。猎桥变电站是按照南网首个"LEED 国际绿色建筑认证金级"和"国标绿色建筑认证三级"双认证标准设计、建设的变电站，通过新工艺、新材料的使用，整体优化设计，绿色环保和节能技术国内领先，与国际接轨，通过权威双认证消除市民顾虑，增强市民对变电站的认同感。

铺设屋顶发电光伏。猎桥站屋顶铺设光伏发电系统，与站用电系统、储能装置构成低压微电网系统，充分利用光伏可再生能源，年平均上网电量约7800kWh，实现变电站绿色节能，有效降低了碳排放量。猎桥变电站屋顶光伏板布置如图 7-7 所示。

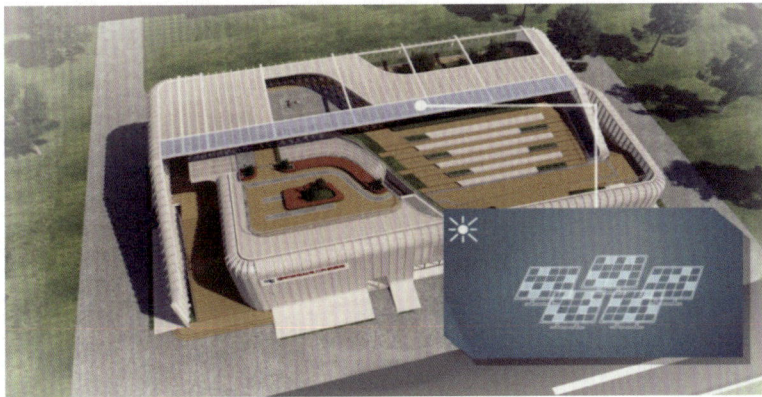

图 7-7　猎桥变电站屋顶光伏板布置

运用光导无电照明技术。猎桥变电站在国际会议室顶棚（天面）设置了光导无电照明系统，充分利用自然采光，年节约用电约 1200kWh。猎桥变电站光导无电照明实景如图 7-8 所示。

图 7-8　猎桥变电站光导无电照明实景

（4）**质量与安全。充当南网智能变电站试点。** 根据南方电网公司智能变电站建设要求，本工程通过应用智能设备、数字化采集共享等先进的信息控制技术，从智能设备、数字化采集共享、智能巡视、智能操作、智能安防、智能辅助决策六个方面着手提升变电站的智能化水平，构建一体化电网运行智能系统，为智能电网的运维、管理、决策提供技术支撑。猎桥变电站智能管控平台如图 7-9 所示。

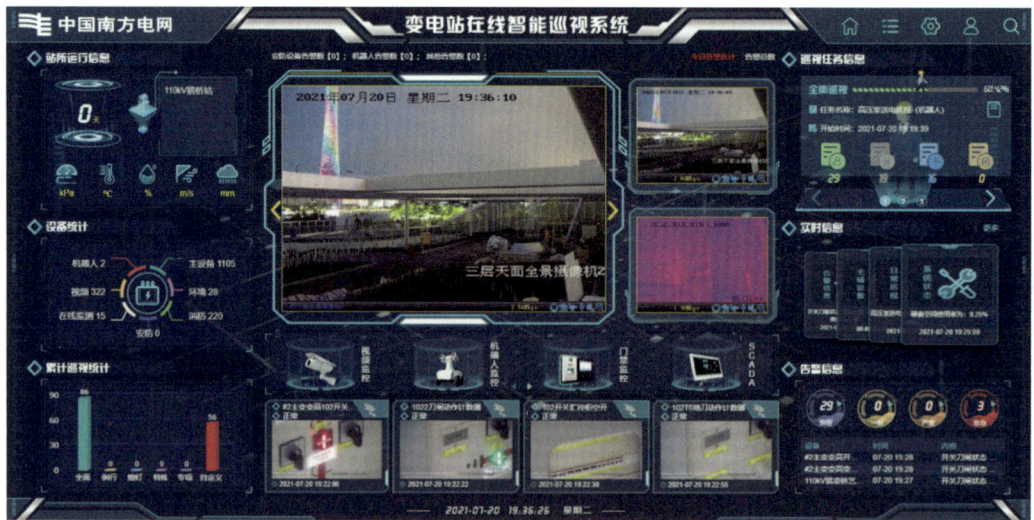

图 7-9　猎桥变电站智能管控平台

猎桥变电站采用智能化主变压器、**GIS**、高压开关柜以及智能录波器、传感器实现对变电站设备与环境的实时状态信息获取与监测。

主变压器部分，采用高压设备本体+智能监测装置，配置油位、绕温、铁芯接地状态等在线监测指标。为了改善运维条件，主变压器智能组件柜靠近主变压器安装于 10kV 高压室。主变压器室配置外观及仪表监测摄像头、红外测温摄像头等实现智能巡检。

GIS 部分，智能组件含常规电流互感器合并单元+智能终端+GIS 局放监测 IED。GIS 采用就地智能汇控柜，把 GIS 汇控及智能组件集中组屏，并通过在柜内加装空调优化就地柜内运行环境。GIS 室配置外观及仪表监测摄像头、红外测温摄像头等实现智能巡检。

高压开关柜以及智能录波器、传感器部分，智能开关柜内摄像头能全方位观察开关小车进出以及地刀状态，保证运行及检修人员操作安全，并在一定程度上防止操作时出现故障；设置的智能元器件能反映机械特性测试的功能，以及确认线圈通断电及分合闸速度的状态；通过设置双确认传感器，提供了地刀及开关小车的位置辅助判据，运行人员在倒闸操作的过程中，可通过其检查实际状态；通过设置温度传感器将测量到各个柜的上下触头的温度值直接反应到智能运检平台，对检查开关柜内部发热缺陷提供重要依据。

通过在猎桥变电站设置智能网关，站内智能终端数据全部汇聚至智能网关，并通过智能网关分别传输至物联网平台和站端智能运维系统，整体架构服从南方电网公司全域物联网方案部署。通过猎桥变电站成功试点应用，为今后其他变电站运行支持系统部署奠定了基础，同时为避免站端智能运维系统服务器重复配置提供了借鉴经验。

应用一体化系统技术。主变压器保护测控装置采用小型化设备集中组屏，保护测控按间隔每台主变组屏一面。大部分 10kV 设备下放开关柜安装，有效减少主控室屏位占用，电气二次继保自动化专业在主控室的使用屏位由 22 个减少到 13 个，降低 41%。

应用智能运维技术。采取机器人+视频+在线监测+智能设备综合巡视。通过试点建设，猎桥变电站已实现基于机器人+视频+在线监测+智能设备等智能终端综合应用的变电站智能巡视模式，利用可见光、红外光、传感器技术，辅助或取代传统人工巡视作业。猎桥变电站智能运检管控系统巡视画面如图 7-10 所示。

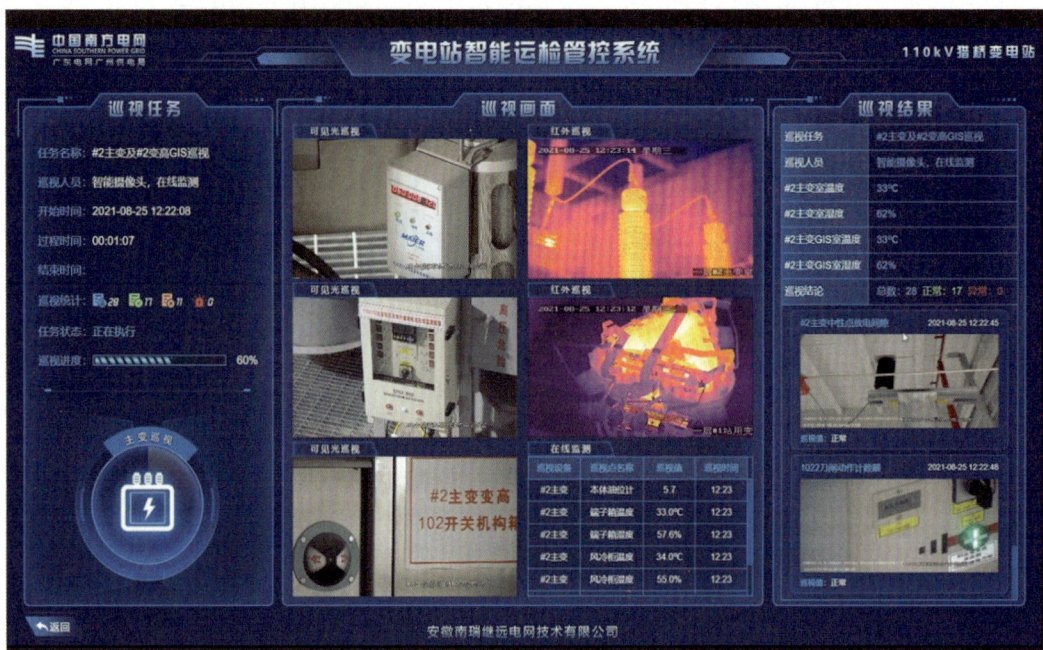

图 7-10 猎桥变电站智能运检管控系统巡视画面

实现程序化+视频操作模式。通过试点建设，猎桥变电站建立基于程序化+视频的新型操作模式，将传统人员现场倒闸操作及设备位置查看，改变为调度端远方程序化操作以及基于视频进行设备位置远方查看，打通程序化操作"最后一公里"，有效提高电气操作效率。

实现程序化+机器人+视频操作模式。猎桥变电站内的所有 10kV 以上断路器、隔离开关、线路接地刀闸、开关柜开关小车等一次设备以及部分二次设备均具备遥控化、自动化、程序化的智能操作条件。单一电气间隔或跨间隔设备在"运行、热备用、冷备用"三种状态间可通过远方操作实现相互转换，实现线路检修态的智能转换。同时，为保证智能操作的安全可靠，在程序化操作及远方遥控过程中，通过联动机器人及视频系统等辅助判据，远方实现对开关、刀闸位置的检查及判断。猎桥变电站智能操作效果如图 7-11 所示。

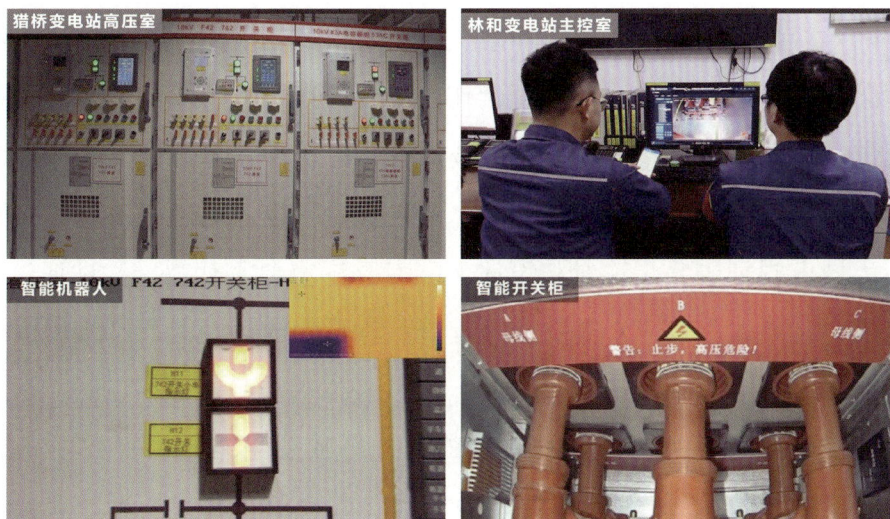

图 7-11 猎桥变电站智能操作效果

运用线上+线下全天候监控模式开展智能安全管理。 通过试点建设，打通生产管理系统工作票模块，利用移动视频、固定视频、机器人等对作业面进行实时监控、分析，实现工作地点周界、安全帽识别、工作服识别、登高安全带识别、烟火识别等，实现违章行为自动告警，提升作业现场智能管控能力。猎桥变电站智能安全界面如图 7-12 所示。

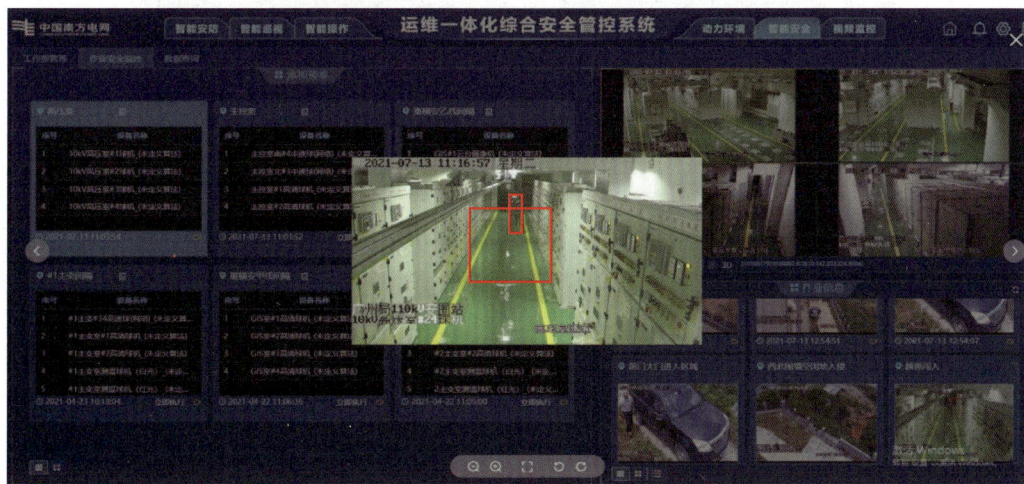

图 7-12 智能安全界面

（5）社会响应。广州市首个"身边项目大师做"变电站。猎桥变电站积极遵循广州市政府激发"老城市新活力"、提升城市公共空间品质的工作导向，是首批列入广州市"身边项目大师做"的十大项目之一。广州电力设计院与全国工程勘察设计大师陈雄团队深度合作，结合城市核心、商业中心、景观地带等地理位置特征对变电站的功能性、观赏性、科普性等多维度需求，打造出获得政府、周边居民和商户多方认可的"月光宝盒"设计概念。该站外立面方案在广州市城市规划协会建筑景观设计方案专家评审会上获得一次性通过，为消除城市变电站"邻避效应"提供了具有借鉴意义的成功经验。110kV 猎桥变电站夜景如图 7-13 所示。

南网首个具备电力科普基地功能的对外开放变电站。为提升项目的公共性、开放性与创新性，猎桥变电站将电力科普教育示范基地的设计理念融合到变电站中，打造成南网首个具备电力科普基地功能的对外开放变电站，同时还设置有公园式屋顶供市民游览参观，进一步拉近变电站与市民之间的距离，成为市民争相打卡的网红点。

图 7-13　110kV 猎桥变电站夜景

7.3　深圳抽水蓄能电站工程

7.3.1　工程概况

深圳抽水蓄能电站位于广东省深圳市盐田区和龙岗区交界处，是我国首个市内大型抽水蓄能电站，也是南方电网公司首座全面国产化设计、制造、安装、调试的抽水蓄能电站。电站装机容量 120 万 kV，安装 4 台 30 万 kV 机组，2013年 3 月主体工程开工建设，2017 年 11 月首台机组投产发电，2018 年 9 月全部建成。深圳抽水蓄能电站概况如表 7-3 所示。

表 7-3 深圳抽水蓄能电站概况

开工时间	投产时间	项目经理	工程荣誉
2012 年 10 月	2018 年 9 月	李永兴	1. 2020 年 6 月，获评"中国电力优质工程奖" 2. 2020 年 12 月，获评"国家优质工程奖"； 3. 2020 年 12 月，荣获"2020 年重点环境保护示范工程"； 4. 2021 年，获评"国家水土保持示范工程"和"中国安装之星"

参建单位	建设单位	深圳蓄能发电有限公司
	土建代建单位	无
	设计单位	广东省水利电力勘测设计研究院
	监理单位	浙江华东工程咨询有限公司
	施工单位	中国葛洲坝集团股份有限公司、中国水利水电第十四工程局、中国水利水电第一工程局、中国水利水电第八工程局、国电南京自动化股份有限公司、广东百安机电消防安装工程有限公司

深圳抽水蓄能电站上水库如图 7-14 所示。

图 7-14 深蓄电站上水库

7.3.2 工程亮点

（1）资源消耗。本项目在工程设计阶段就高度重视环保工作，对电站上下库连接道路路径不断优化，采取截弯取直、采用隧道代替大开挖等方案，减少土石方开挖量近 12 万 m³，减少植被破坏近 2.2 万 m²；缩短道路 198m；优化施工布置，做好施工进度规划，充分利用好施工阶段性闲置用地，在工程管理线内面积为 131 万 m² 的情况下，仅征地 3.5 万 m²，极大降低了工程施工对自然生态环境的影响。

上水库开挖之初就对上库库盆内原生树木进行移栽，最大可能减少对森林植被的破坏，并同步进行生态恢复。工程扰动土地整治率达 99.6%，水土流失总治理度达 98.8%，拦渣率达 98.0%，林草植被恢复率达 98.6%。移植风景林及双拥林共 26 026 株，栽植乔木 20 949 株，栽植灌木 77 682 株，为建设美丽中国添砖加瓦。深蓄电站建设不设弃渣场，上库为人工新开挖的水库，会出现大量渣土石料，通常需要外运处理，但深蓄电站通过应用坝体分区优化、风化土心墙防渗等技术，将工程开挖的渣土石料等通过现场处理后用于筑坝所需材料，避免了石料场征地和弃渣场及配套道路等的植被占用。为与周边的环境相宜，深蓄公司非常重视上水库设施的"去工业化"和动土区域的复绿工作，并多次向深圳市盐田区领导和相关部门汇报复绿方案，努力使该区域融入广东省 2 号绿道深圳段最美节点，助力盐田区打造"山海花城"。

（2）污染防治。深蓄电站设计和建设的所有环节均融入水保理念，水保设施同步设计、同步实施、同步投入使用。从规划、设计、建设到运营全过程，践行"绿水青山就是金山银山"的理念。

绿色创新，竭力保障水库水质。下水库为深圳市供水备用水库，为保护电站周边水环境，在施工招标阶段即明确了施工污水"零排放"的要求与目标。在施工阶段，采用高效污水净化技术进行施工污水处理，出水口清水的浊度 SS 值、酸碱度 pH 值、石油类浓度值均符合要求。在电站运行阶段，创新采用地下厂房排水系统"清污分排"设计，分别设置清水、污水两套独立的排放系统，确保水库水体达到饮用水Ⅱ类水质标准，满足市民饮用水质要求；针对生产排水，创新采用 MBR 一体化污水处理系统，处理后出水达到广东省第二时段一级排放标准，再接入市政排污管网。实现水资源利用和生态环境效益最大化。

（3）气候变化。**打造低碳标杆，助力大湾区绿色低碳转型**。深蓄公司以环保、融合的理念，全过程打造碧水蓝天的生态空间，积极服务社会。深蓄电站建设兼具"传统发电""城市供水""城市景观"三大功能。深蓄电站直接接入深圳城市电网，承担调峰、调频、调相及黑启动等功能，提升了电网调节的灵活性，促进了清洁能源输送和消纳。在城市出现大面积停电等极端事件时，深蓄电站最快可以 120s 内启动机组，每小时向电网最大送电量可达 120 万 kWh，助力深圳电网建成全国首个坚强局部电网。自投产以来，深蓄电站机组累计启动 13 199 次，启动成功率 99.67%，累计抽水电量 68.12 亿 kWh，节约标煤 67.51 万 t，减少 CO_2 排放 247.85 万 t，为粤港澳大湾区构建绿色低碳循环产业经济体系、实现"双碳"目标提供了坚实支撑。

（4）质量与安全。**黑启动模式，发挥紧急事故备用作用**。当电网发生紧急故障时，抽水蓄能机组可在 120s 内迅速启动并带满负荷发电运行，快速恢复电网频率，发挥紧急事故备用的作用；当电网出现大面积停电时，抽水蓄能机组能够以黑启动模式启动运行，带动整个电网恢复供电，因此被称为"点亮电网的最后一根火柴"。2018 年 12 月，深蓄电站与深圳供电局紧密合作，顺利完成全流程实战黑启动试验。深蓄电站在 4 回 220kV 线路停电，失去外部全部厂用电源的情况下，机组以黑启动模式启动，10m 之内将电压送至附近变电站 10kV 母线，运行电压平稳，满足启动其他电源点的要求，成为深圳电网第一个经过实战检验的黑启动电源，得到各方高度认可。

（5）社会响应。承担城市供水备用水源功能，保障市民用水需求。深蓄电站下水库承担城市供水备用水源功能。为保障市民用上干净、清洁的水，电站采用了清污分离排水系统，从建设期到运行期，持续开展水库水质监测。目前，水质长期稳定在二类饮用水标准，下水库向深圳市年供水超过 450 万 m^3，完全满足了深圳市人民生产生活需要。

樱韵悠扬，为市民提供实实在在的生态景观。深蓄电站秉承惠民利民理念，电站建成后，上水库区域纳入城市公园体系，免费向市民开放。2021 年，深蓄电站联合盐田区政府实施樱花林种植方案，学习调研北京玉渊潭公园、武汉大学、华南农业大学等樱花林景点的打造经验，以"樱韵悠扬 漾满三洲"为景点名片，利用上水库区域已有的水坝、山体、走廊、步道、憩息亭等地质人文资源，推出了醉樱亭、樱韵漫堤、樱乐花谷等数个具有特色的"口袋景点"，把深蓄上水库樱花林片区打造为深圳"山海连城"步道之"三洲樱花公园"，使上水库区域成为融入广东省 2 号绿道深圳段最美节点。2023 年，深圳盐田区政府指导开通便民公交线路，电站上水库与周边山海景观融为一体，环库道路无缝接驳省级绿道，每年吸引游客超过 20 万人，为市民提供了实在的生态景观，努力把深蓄电站建设成一座人民身边的抽水蓄能电站。

坚决履行央企社会责任，同步开展科普宣传。2021 年 9 月 24 日，深蓄电站被深圳市科学技术协会认定为"深圳科普基地"，成为华南地区首个抽水蓄能科普教育基地。同时，电站已建立起市民游客入场登记和安全提醒机制，累计接待市民超过 40 万人次。在广大市民游客进行参观的同时，深蓄公司结合"四个自信"（深圳）宣传阵地，借助广东省科普教育基地、全国水电科普教育基地、电力科普教育基地优势，同步开展科普宣传，常态化开展电力科普活动，积极向社会介绍和普及抽水蓄能电站的功能和作用、宣传"双碳"目标的意义和实施路径，已累计接待科普教育班次 350 余批次，学员 10 000 余人次。

提供稳定新能源、助力国家建设。作为国内首座位于超大城市市区内的抽水蓄能电站，深蓄电站利用上下两个水库的高低落差，在电力系统用电低谷时用电将下水库的水抽到上水库，在用电高峰时放水发电，能够帮助风电、光伏发电等不稳定新能源大规模、高比例接入电网，解决深圳近 1/3 的峰谷差需求，发挥电网的"蓄电池""稳压器"和"调节器"，助力国家新型电力系统建设，目前已连续安全生产超过 5300 天，累计发电超过 54 亿 kWh。抽水蓄能电站如同"大电网的超级绿色充电宝",支撑大电网安全稳定运行,助力地方经济发展。在改革开放的前沿阵地,深蓄电站将不断提高安全生产管理水平,确保机组"开得起、调得出、停得下",为粤港澳大湾区建设,为深圳中国特色社会主义先行示范区建设提供坚强的能源保障。

第 8 章

电网工程 ESG 评价展望

8.1 向全电力行业推广电网工程 ESG 评价体系

随着 ESG 理念的逐步推广与普及，ESG 相关政策、标准、评价规范在持续完善，电力行业也在逐步践行 ESG 信息披露与评价，越来越多的电力企业认识到 ESG 评价与新发展理念的高度契合，信息披露质量也在持续提升，2024 年中国 ESG 上市公司先锋 100 榜单中，电力相关上榜企业比 2023 年多了两家。因此，电力工程存在推广 ESG 评价体系的土壤。

电网工程作为电力工程的重要组成部分，其业务与 ESG 具有天然的联系，将电网工程 ESG 评价标准体系推广至所有电力工程行业，统一电力工程行业评价指标具有重要意义。一方面是电网工程 ESG 评价体系不仅关注项目的经济效益，还全面考虑其对环境的影响、对社会的贡献以及治理的合规性和透明度，有助于更加全面、深入地评估电力工程项目的综合价值，并充分体现电力企业的社会责任担当；另一方面是统一电力工程 ESG 评价体系标准，有助于提升投资质量，降低融资成本，更好地与国际接轨，提升电力工程项目的国际竞争力。

与此同时，随着电力行业 ESG 实践越来越多，在电力工程领域推进 ESG 评价并形成统一规范尤为必要，但规范电力工程 ESG 评价体系不能生搬硬套，需要综合考虑国际经验、本土特色、全面性和针对性等诸多方面的因素，注重以下策略：①充分借鉴国际经验，吸收国外工程项目与 ESG 相关评价的先进工作经验，确立 ESG 各子维度的基础框架，保证所构建 ESG 体系与国际 ESG 体系具有一定统一性和可比性；②立足本土特色，开发具有中国特色的 ESG 评价体系，如在环境维度中融入"生态文明"理念，在社会维度中考察国有企业在精准扶贫、乡村振兴等方面的贡献；③考虑行业特性，充分考虑发电侧、输配电侧等不同领域电力工程项目的特性，比如光伏发电站、海上风电、核电站、燃煤发电站等不同发电站的业务生态以及对不同指标的侧重，再比如主网输电线路与低压配网输电线路以及配套的变电站对环境、安全的不同要求；④注重全面性和针对性，优化调整电力工程评价中各级指标对公司战略的承接性、覆盖面与颗粒度、合理性与适用性，解决 ESG 评价体系中缺乏行业针对性、评价指标不健全等问题，为电力行业企业制定 ESG 战略提供参考。

8.2 预留与企业 ESG 评价体系对接的融合接口

随着 ESG 理念在公司各个层面的广泛推广，电网企业未来将逐步向下落实 ESG 评价；与此同时，电网工程 ESG 评价体系也将在电网公司系统内推行，两套评价标准体系侧重点、指标可能会有所不同，电网工程作为各级电网分子公司的一部分业务，融入企业 ESG 评价体系是必然趋势，因此在构建及优化电网工程评价指标体系的过程中，需要预留与企业 ESG 评价体系融合接口。一方面是能够有效避免一件事情在同一家企业以不同形式反复出现，降低了企业的管理成本和员工负担；另一方面是有利于全面评估项目价值，扩展评价范围与深度，工程项目 ESG 评价不仅关注经济效益，还考虑环境、社会、治理等多维度影响，将更全面地评估电网工程项目的综合价值，有利于系统提升工程项目的可持续发展。

因此，为促进电网工程 ESG 评价标准体系与企业 ESG 评价标准体系相融合，公司需要从多方面采取措施：①持续拓展评价范围与深度，在电网工程项目评价中，不仅关注项目的经济效益，还考虑其对环境的影响、对社会的贡献以及治理的合规性和透明度，从而更加全面、深入地评估项目的综合价值；②更加注重责任担当，积极响应政策要求，在电网工程项目中加强践行 ESG 评价，并推选分享优秀项目案例，展现责任担当并强化其示范引领作用；③推进国际接轨，充分借鉴国际标准并考虑与国际市场的对接，便利电网工程项目的国际评价，促进工程项目的横向比较，不断提升项目重视程度，进而提升电网企业的国际竞争力。

8.3　构建电网工程 ESG 评价体系动态调整机制

借鉴国际建设工程领域 ESG 相关评价指标体系，结合国内 ESG 评价体系，进一步优化完善适合评价电网工程项目的指标体系；与此同时，构建电网工程 ESG 评价体系动态优化调整机制。随着时代发展、技术进步、绿色环保理念提升、社会贡献意识增强，不断优化调整电网工程 ESG 指标，保障指标和国内企业 ESG 评价标准同频更新，确保电网工程评价标准的适用性和前瞻性。

构建动态调整机制并持续完善评价指标体系是一个系统性工程，涉及以下多个方面：①关注国内外 ESG 评价指标体系的变化，对现有电网工程 ESG 评价指标体系进行全面分析，识别存在的问题和不足，如指标过时、不全面、难以量化等。②设计动态调整机制，设立专门机构或团队负责评价指标体系的动态调整工作，确保有专门的人员和资源进行持续改进；制定明确的调整周期和流程，如每两年进行一次评估和调整，并及时收集各方对评价指标体系的意见和建议，为调整提供依据。③完善评价指标体系，根据动态调整机制，定期审查和更新评价指标，确保指标与当前实际情况相符，增加或优化评价指标，提高评价的全面性和准确性。④实施与监控，将完善后的评价指标体系应用于实际评价工作中，确保其实用性和有效性，并定期对评价指标体系的实施效果进行评估，收集数据和反馈，发现问题并及时进行调整。⑤持续改进与创新，关注行业发展趋势和最新研究成果，及时将新的理念和方法引入评价指标体系，鼓励提出对评价指标体系的改进建议和创新想法，促进持续改进。

8.4　持续优化电网工程 ESG 评价方式方法

8.4.1　持续推进电网工程 ESG 评价执行

实践是检验、优化 ESG 评价标准的最有力武器，因此推动电网工程 ESG

评价实践具有重要意义，不但可以优化电网工程 ESG 评价指标，也可以推动电网工程 ESG 评价形成常态化机制。公司推动电网工程 ESG 评价实践需要从以下几个方面着力：①建立明确的电网工程 ESG 责任体系，设立专门的 ESG 领导机构，如 ESG 委员会，负责制定和监督电网工程 ESG 战略和目标；②加强内部沟通与培训，定期开展电网工程 ESG 评价培训，提高员工对 ESG 及其评价标准的认识和理解；③强化政策引导与监管，从公司层面出台相关政策，明确 ESG 评价在电网工程项目中的地位和作用，加强监管力度，推动评价工作的规范化、制度化；④优化绩效考核机制，将电网工程 ESG 评价结果纳入所在公司的绩效考核，激励企业积极践行评价。

8.4.2　持续提升评分规则的可操作性

推进电网工程项目 ESG 评价的关键是评分计分规则的可操作执行性，公司需要持续从以下几个方面对计分规则进行明确和细化。①进一步明确评价标准描述，详细阐述 ESG 每个维度下的一、二、三级指标的具体定义、评分标准描述，保持语言简洁明了，避免使用过于专业或晦涩难懂的术语，确保评分规则易于理解且无歧义；②提供示例和数据，通过具体案例和数据展示评分过程，帮助专家理解如何对电网工程进行评分；③利用图表、流程图等可视化工具，直观展示评分规则和流程，提高可读性；④加强内部沟通与培训，提高员工、特别是评分专家对 ESG 评分规则的认识与理解，确保更多员工理解并在过程中践行；⑤定期开展电网工程项目 ESG 评价与优秀项目案例分享，跟踪和报告电网工程项目 ESG 评价实践，并挑选优秀案例展示具体评价过程。

8.5　持续提升电网工程 ESG 实质性议题表现

8.5.1　探索电网工程碳核算，推动零碳工程认证

（1）推进电网工程碳足迹核算。电网工程碳足迹核算是电力行业低碳发展的核心环节，电网工程全生命周期碳排放占据电力行业碳排放的很大比例，是

电网企业践行"双碳"目标，降低碳排放的重要一环。根据国家"双碳"目标及相关政策要求，亟待在电力工程行业构建涵盖基础与通用、核算与核查、评价与认证、碳标签与环境声明等多个子模块的碳核算体系，统一电力工程碳足迹相关概念，规范碳排放核算和数据质量管理，明确碳足迹水平分级与评判标准，规范碳标签和环境声明管理。推进电网工程碳足迹核算标准的制定与实施是一项系统工程，需要系统考虑工程碳足迹核算的方法、梳理工程碳核算的流程环节和核算边界、明晰碳足迹核算的相关因素、规范碳足迹核算的步骤，并在此基础上形成电网工程碳足迹核算的规范标准。

与此同时，基于电网工程推进 ESG 评价的目标导向，需要进一步明确推进电网工程碳足迹核算的重要意义，进而提升各分子公司及项目部对工程碳足迹的重视程度。电网工程碳足迹核算的重要意义：①有利于环境保护，工程碳足迹核算有助于了解电网工程对气候变化的贡献，推动工程建设节能减排，保护生态系统；②能够提高能源效率，通过工程碳足迹核算，可以充分认识到电网工程全过中的能源使用情况，推动绿色低碳建材、采取节能减排措施，提高能源使用效率；③符合合规政策，电网工程碳足迹核算有助于确保电网工程遵守环境保护法规和碳减排目标，避免法律风险；④可以提升企业信誉，低碳足迹的电网工程更有可能得到社会的普遍认可，进而提升工程所属企业的声誉度。

（2）推进零碳电网工程认证。随着电网工程碳足迹核算逐步提上日程，相应的核算及评价标准也将陆续出台，届时电网工程碳排放核算及认证将有据可依。南方电网公司作为推进电网工程 ESG 评价的先行者，不但要在电网工程碳足迹核算标准制定做出贡献，更需要在推进零碳电网工程认证过程中采取以下多种措施、统筹策划并形成标准，引领电网工程领域开展零碳认证。①明确目标，确立零碳电网工程认证目标，在保障质量安全的前提下，推动电网工程降碳、脱碳，降低对气候影响；②制定认证标准，参照国际准则，结合中国国情，制定零碳电网工程的认证标准；③明晰认证流程，包括提交申请、审核评估、现场核查、认证决定等步骤，确保认证过程的公正性、透明度和专业性；

④推广与应用，从电网公司层面倡导并发布认证规范，鼓励电网企业积极参与零碳电网工程认证，将认证结果作为组织绩效考核的加分项。

8.5.2　关注产业工人权益，以电网工程促进就业

促进高质量充分就业是央企履行社会责任的重要体现。中共中央国务院近期印发的《关于实施就业优先战略促进高质量充分就业的意见》要求"把高质量充分就业作为经济社会发展优先目标，推动实现劳动者工作稳定、收入合理、保障可靠、职业安全等，不断增强广大劳动者获得感幸福感安全感"。

当前，公司在电力建设产业工人队伍培育和权益保障方面已有一些好的做法，但有待于以电力工程项目为载体进一步推广和提升。在电力建设产业工人队伍培育和权益保障方面的做法：①吸纳当地富余劳动力，做大做强产业工人队伍；根据工程建设需求，适当增加本地化用工，缓解社会就业压力，促进社会和谐。②完善产业工人技能培养体系；以就业技能培训、岗位技能提升培训和创业创新培训为主要形式，提升一线工人的核心技能，夯实工程质量安全基础；围绕重大工程建设开展劳动和技能竞赛，增强产业工人荣誉感、获得感。③改善产业工人工作生活环境，完善工程建设生活配套，包括住房、医疗、餐饮、文体设施等；加强工人劳动保护，定期进行职业健康检查；关心产业工人内心诉求，加强人文关怀。

8.5.3　推进核心议题披露，提升 ESG 治理成效

推进电网工程 ESG 评价的关键是工程项目的信息可获得性，其 ESG 治理成效更是依赖其关键核心议题的信息透明，因此，加强工程项目的核心议题及相关信息披露，提升项目的透明度，有助于持续提升工程项目的治理成效。公司需要从以下几个方面推动电网工程项目 ESG 信息披露：①加强项目审查力度，关注项目建议书的真实性、可行性研究的深度及投资估算的准确性，确保项目决策的科学性和合理性；②强化项目公开招投标，审查招投标过程、设计概算的正确性，以及施工招投标程序的合法性和规范性，确保项目设计

的最优化和招投标的公开透明性；③监督项目施工合同签订与执行，审查施工合同的订立是否严谨，条款是否齐全，以及合同执行过程中是否遵守相关规定，确保项目施工的顺利进行；④优化项目后评价与管理，在项目完成后开展后评价，对比分析实际效果与预期目标，提出改进建议，形成良性项目决策和管理机制。